U0030735

關於大腦的
七又二分之一
堂課

麗莎·費德曼·巴瑞特 博士——著
Lisa Feldman Barrett, Ph.D.

蕭秀姍——譯

Seven and a Half Lessons About the Brain

謹向教導我神經科學精妙的
芭芭拉・芬萊（Barb Finlay）及其他同事們致意
謝謝你們的慷慨分享與無比耐心

人腦──身體、心靈與文化的精華薈萃

國立臺灣大學心理學系暨研究所特聘教授　梁庚辰

　　人如何產生心靈活動自古以來就是個深受矚目的大哉問，諸多學者曾從不同的角度發表過種種理論。早在希臘羅馬時代的醫學家，例如加倫（Galen），就開始把心靈活動歸之於腦。之後歷經幾個世紀的追尋，人類才逐漸接受腦中的神經細胞是心智活動的關鍵所在。但對腦與心智兩者的關聯性，依舊懵懂無知，這問題吸引了許多優秀學者投入，各式想法層出不窮。發現DNA雙螺旋鍊結構的法蘭西斯・客理恪（Francis Crick）就在獲得諾貝爾生醫獎後，傾半生之力研究腦如何產生意識（consciousness）的問題，並且認為腦與心智是科學知識最後一塊有待開發的疆域。他不是唯一在獲得諾貝爾獎後轉向研究心智神經基礎的學者，早在二十世紀初，俄國的生理學家伊凡・巴甫洛夫（I.

Pavlov）就在研究消化道的生理分泌獲獎後，探討唾液分泌的生理反射如何被心理預期所激發，從而發現了古典制約（classical conditioning）的種種現象（見本書〈第四堂課：大腦（幾乎）可以預測你所做的每一件事〉）。近年免疫及遺傳學獲獎者如裘若德・艾德曼（Gerald Edelman）與利根川進（Susumu Tonegawa）也是如此。腦與心智問題的引人入勝由此可見一斑。然而因兩者內涵都異常複雜，要將千絲萬縷的線索拼出一張心腦契合的圖像，從過去到現在，學者們總是在摸索中前進，提出種種理論或主張，引導人們思考，並一點一滴地尋找實徵證據。

　　本書作者別走蹊徑，從腦部演化的觀點切入與心智關聯性的問題。她開宗明義地認為脊椎動物的腦會演變成為現今的樣貌，是來自須有效地運用能量以保持身體全面平衡的演化壓力，而非為了思考認知等高階的功能。作者心目中的有效運用，不僅包括應付當前所需，還需預估即將面臨的挑戰，以便身體及早從各方面儲備資源，以達成異位平衡（allostasis）的目標。動物通常依賴過去經驗預測未來，學習與記憶的功能就是協助動物對其生活「暱區」（niche）的可能遭遇做有效規劃，使其行為能從被動反應（passive reaction）轉而為主動因應（active coping），作者稱此為編列身體預算，執行此功能有賴於古典制約學習。巴甫洛夫在二十世紀初便提出理論認為這種學習是人類高

階心靈運作的基礎。後續研究發現動物確實可藉古典制約學習完成某些類似人類因果推理的運作，從而有利於其生存。平衡能量預算的腦部運作足以支援類似思考的功能，是支持作者論點的有力證據。

然而人類思考遠多於因果推論，其他各式的思考為何會在人類出現以及如何在人腦執行，它們是否也是人腦為有效應付人體複雜系統的能量消耗所產生的隨附現象，就成了值得進一步探索追究的問題。這一點，從本書正文看來，是個仍待解答的問題。

然而更值得深究的是，一旦人類發展出複雜的思考，就如同作者在其最後一堂課中所揭示的，人類面對的不再是一個單純物理環境的挑戰，而是需要適應自己所創造的環境。這是否會對人腦演化構成新的壓力？一旦人類為有效運用身體能量隨附所產生的複雜思考與創發能力，大大地改變了我們的生活暇區，造成超乎自然生態環境的變化（例如氣候變遷或塑膠沉積），那又會對腦或者生物的未來演化有何影響？如果循著作者的思路，腦因需編列身體預算演化出未雨綢繆的能力，那在人類世（Anthropocene）所產生迥異於自然環境的壓力，會如何影響到未來腦的演化，縱然我們無法親身及見，卻會是一個值得讀者們看完這本書後去思考關注的議題。

作者在本書中明確的指出，過去經驗之所以能有助於

規劃未來，是因為從嬰兒開始，動物即能透過自身與外界
環境的互動，學會並記得如何因應外界危機。學習與記憶
功能依賴腦的一項特徵——神經可塑性（neural plasticity）：
神經細胞的結構與功能，包括它與輸入來源或輸出目標的
互動，是可以改變的，改變它的因素之一就是學習經驗。
神經可塑性的存在翻轉了過去由腦單向控制心智與行為的
思維，開啟了心與腦之間的雙向互動。更重要的是這雙向
互動提供人類探索心靈與物質關係的可能窗口。試想，當
表演者不斷地透過實際演練而增進技巧時，他的腦部區域
或系統產生相應的神經變化，這樣的變化可以歸之於肌肉
或是感官輸入的神經活動所造成，並不足為奇。但是當一
個演奏者可以透過冥想演奏的過程而增進其技巧的純熟程
度，或是當時一個運動員可以想像練習中如何矯正動作而
改變其臨場表現時，我們就需要處理如何由抽象的思想變
成物理性活動的問題了。這又是一個值得讀者深入思考的
大哉問。

　　發展心理學家皮亞傑（Jean Piaget）認為，人類認知
發展開始於透過感官與行為接觸外界而產生內化的心智表
徵，這正是本書第三堂課所講述的內容。這個由人生經驗
所塑造的心智表徵使得人可以有效預測環境事件而掌控自
身行為，則是第四堂課的精義。然而皮氏的認知發展理論
繼續談到，人會進一步對內在表徵進行抽象思考（即本書第

七堂課所謂的「壓縮過程」），而個體的思考所得與實際行動關係密切，如何由形而上的思考變成形而下的神經與肌肉活動，並涉及到人是否有所謂「自由意志」的問題，對於許多研究心腦關係的學者而言，仍是懸而未決的，讀者們不妨依循著本書作者的理路去做進一步的深究推敲。

本書也提到，會改變個人大腦聯結的，不僅僅是在與環境互動時個人的感官輸入與運動回饋，還包括他人的言語，甚至連他人「言者無心，聽者有意」的影射意涵都能改變腦內的神經聯結，這又是一個探究心靈與物質互動的關鍵窗口。語言對內有表徵知識的角色，對外則扮演社會溝通的功能。生物運作與社會活動，本世紀初在許多人的眼光中還是截然不同的兩個領域。有別於這一涇渭分明想法，本書作者在第五堂課中詳細的闡釋神經系統與社會文化間的密切關係，強調社會中的人際互動在塑造腦部聯結上扮演重要的角色。這樣的觀點在過去很少出現於腦科學的書中，但近來卻受到越來越多研究證據的支持。其實早在多年之前，學者舒茲・敦巴（Shultz S. Dunar）便提出社會腦假說（the social brain hypothesis），認為偵測社會互動是人類大腦皮質某些區域會超乎比例擴增的演化壓力來源，這壓力來自需要團結自己人與分化敵對者以利生存，而團結與分化的力量之一就是透過語言製造並傳播八卦等社會互動。這一想法揭示了社會溝通與腦部運作的密切關係。

我們可以說，透過心智運作的媒介，神經活動和社會文化
不再是截然劃分而是密切相關的。

　　人類以及動物會對其他個體的行為敏感，其實早在達
爾文時代就被提出。達爾文認為人與動物都會根據內心感
受而展現臉部表情，這可以讓對方掌握自身的狀態而知所
進退，免除掉不必要的衝突，自然有助於族群繁衍，故情
緒可能是比語言更有效而普遍的溝通工具。本書作者也持
這樣的觀點，於是人與人的互動透過人腦對於情緒行為的
解讀，就可以轉譯成為腦與腦的互動。如此一來，老師與
學生間的知識傳授，讀者與作者間的心領神會，表演者與
觀賞者間的感同身受，乃成了屬於不同個體的兩群神經元
彼此間聲應氣求的互動。在講授〈心與腦〉這門課的下課之
前，我常喜歡對學生們說：「過去這三個小時如果你有專心
聽講的話，你腦中的神經聯結已經被我腦中的神經聯結所
改變。」就如本書作者所言，神經元相互改變的媒介一方面
來自語言所攜帶的知識，但另一方面還包括表情與姿勢所
傳達的認真與誠意。學生能親身感受老師講課時的循循善
誘與熱切期待，有助於學習改變神經系統。這或許是學生
不應翹課的一個好理由。

　　當腦可以透過經驗產生改變時，便不難想像腦部聯結
與心智活動會產生差異。不僅人生閱歷的不同會造成個別
差異，社會文化的分歧也會產生族群的差異，這些存在於

表象行為的差異一向為心理學家所重視，本書作者則在第六堂課中進一步闡釋，差異其實是根深柢固的植基於神經聯結受不同經驗的影響而產生不同變化。這說明了何以人腦雖然起源於各物種的共同基因藍圖，但卻可以演化出現種種不同的心智。由共同藍圖得出個別差異，除說明神經可塑性無遠弗屆的效力外，也說明先天遺傳與後天環境在神經發展上其實是相輔相成的。

　　心智能力究竟源於先天或後天的差異，其實早在十七世紀的經驗主義與理性主義便已播下爭執不休的種子。數百年來，哲學家、生物學家與心理學家在智力發展、性格塑造、品德養成、病態行為等議題的討論上，對於先天遺傳與後天經驗孰輕孰重曾經爭論不休。然而近代表觀基因學（epigenetics）的研究顯示，即使某一心智或神經特徵有先天遺傳的基礎，後天環境依然可以藉著調節基因的表現，塑造神經的變異而導致腦部不同的結構與功能變化。所以本書作者明確的指出，要強制的區分心智能力來自遺傳或環境幾無任何意義。

　　事實上在許多情況下，遺傳與環境常相伴作用而無法清楚切割。舉例而言，一對智商高的夫妻往往遺傳給小孩較高的智商，但是他們也會因為自己的教育程度較高而知道培養孩子好的讀書習慣，從小為他們購置家庭讀物，促成小孩的優異表現。其次，當小孩出自父母表現優異的

家庭往往會受到社會（老師、親朋或同儕）的矚目，這樣的社會期許會造成所謂的「自我應驗預言」（self-fulfilling prophecy），敦促這些小孩自己努力用功而得到優異表現。最後，智商高而表現優異的父母常為小孩立下模仿追求的榜樣，使其從小便知道認真而表現良好。在這三種情況下，遺傳與環境兩因素在心智運作上都是相伴而行，使心智往同方向發展，心理傳學家羅伯‧布羅敏（Robert Plomin）分別稱此為遺傳與環境兩者間的被動式、誘發式與主動式的相伴互動（passive, evocative and active interaction）。從這三種互動的例子可以理解，為何作者不特別在意區隔先天與後天因素的貢獻。

　　縱令兩因素對腦與心智發育的各自貢獻無從切割，但作者在書中卻指出積極的改善貧困家庭的環境，有助於提升身處社經底層兒童未來的發展。過去有研究指出，早期的惡劣環境會使得低社經地位兒童的工作記憶（working memory）變差，工作記憶被認為是影響智力高低的一項重要因素，工作記憶低落使他們無法有效地應付學校功課，也使他們長大後找不到良好的工作，從而改善自己的家庭環境；於是一代又一代的陷入萬劫不復的輪迴。個人的基因遺傳在目前是難以改變的，但是為貧困的學童提供良好的生養環境與豐富的後天刺激，便有機會透過神經可塑性、甚或啟動某些潛伏基因而改善其腦與心智的發育，使

其脫離貧窮與弱勢的惡性循環。社會中種種濟弱扶傾的措
施，尤其在提供教育機會與改善生活環境（例如繁星計畫
等），便是立基於這樣的腦科學發現與民胞物與的精神所提
出來的。

　　在發育神經科學中一個著名的研究指出，某一世代都
是容易緊張對壓力敏感的老鼠品系，只要有一代剛出生的
幼鼠交由另一品系有從容不迫行為的母親撫養養大，便對
壓力會有較佳的忍受力，遇到干擾刺激較為從容。更有趣
的是，這些原本易緊張的老鼠，只要經交互代養長大有了
不易緊張的表現，也會好好照顧自己的子代，使其表現出
較能抵抗壓力的行為，此後其世世代代的子孫也變得比較
從容而不易緊張。幼時養育環境在改變基因表現的關鍵連
鎖效應，由此可見一斑。

　　腦與心智的關聯性，除了先天與後天對於發展出個別
差異的貢獻程度外，另外一個重要問題就是功能與位置的
對應關係。有些學者主張功能區位化（functional localization）
的觀點，將不同的功能對應到不同的腦區，但是作者顯然
不同意這樣的主張，這在其第一堂課的內容就可以看出端
倪。她緊接著更在第二堂課說明腦是一張有繁複聯結的網
絡，不同的區域互相聯結且會互相影響。同時心智運作的
神經表徵依賴這網絡中的細胞群，但在表徵某一特定理念
或運作時，這群細胞的成分每次不盡相同，即所謂的表徵

餘裕性（representational degeneracy）。在神經網絡的概念下，一個神經細胞可以參與多種運作而一個腦區也不限定只有一種功能。譬如研究指出，與學習記憶功能有關的海馬（hippocampus），不僅涉入空間訊息的登錄，也涉入情緒訊息的登錄，不僅記得過去，也會預期未來，更在創造性思考時相當活躍。神經網絡展現出來的表徵餘裕性可以輕鬆地說明一些神經細胞消失後心智概念依然得以保存的特性，但卻需要解釋每次不盡相同的神經活動模式如何能夠簡併成同一思想或是同一心智運作，這暗示有可能整體的神經活動模式並非真正表徵某一心智思想或運作的神經符號，而是這些每次不同神經活動模式中有某些一致而不變的特徵（invariance）攜帶了心智的訊號，但這不變的特徵究竟為何，是目前很多神經科學家正在追求的，作者並未給出答案也未進行揣測，這問題留待讀者們自行思索。

我在五十年前，深深被腦與心智關聯性的問題所吸引，負笈於加州大學爾灣分校的心理生物系。在我初次接觸到討論心腦關聯性的知識時，上課的老師諾曼·舀恩伯格（Norman Weinberger）教授曾說，當人們不知道腦部究竟如何運作時，總喜歡拿那個時代時興精緻的科技成品或理論作為理解腦部運作的模型，認為腦應該是這個樣子或那個樣子。於是洛克將心智視為一塊空白泥板，可以留下經驗刻畫的痕跡；笛卡兒認為腦有如貴族花園中能歌善舞的

機械玩偶，內部有水力推動運轉的齒輪；巴甫洛夫認為腦有如力場或電磁場一般，藉著力量擴散而連接鈴聲與食物的訊息；他的波蘭籍學生克諾斯基（Jerzy Konorski）認為腦有如電話交換機，只要連上接線就可溝通；後來許多認知心理學家將腦比喻成電腦，藉著輸入、中央處理與輸出三部分的合作完成計算任務。這些模型如今看來都只能算是差強人意的比喻，它們或多或少如瞎子摸象般捕捉到腦部運作的某些特色，但非全貌，就如同作者在書中所提到的肉餅腦或瑞士刀腦一樣。如今進入網路溝通的年代，「XX網」常是個朗朗上口的名詞，本書的作者認為腦是一張神經網絡，而且強調這絕非比喻而是實際狀況。腦真的是一個網絡嗎？本書所提出來的證據或論述確實比從前提出的諸多比喻要更令人信服。

　　哲學家康德認為，人類最大的限制在於他所擁有的知識。我的知識無法判斷作者「腦是一張網絡」這個論述是否就是最終的事實。但是我記得當年教我神經解剖的老師賀伯·克拉基（Herbert Killackey）在討論到小腦的時候曾總結的說：「我們清楚的知道小腦的層次結構，它的輸入與輸出，內部神經細胞的種類以及彼此聯結，甚至它們使用的神經傳導素與產生的生理運作，但是我們仍然無法了解小腦是如何運作，達成它在運動上的功能，所以我們（神經科學家）最好謙虛一點。」他說完這話後兩年，小腦被發現除

了運動功能外，還參與古典制約學習，近年更發現小腦參與了人類各式的認知功能。這些驚奇的發現都是當時還不知道而目前已廣為學界接受的。面對這個複雜的腦與複雜的心智，後頭可能還有無限驚奇值得我們拭目以待，我建議讀者們要以謙遜的態度去思考與推敲它們的關係。

謹以此文獻給在爾灣加州大學心理生物系教過我的老師們，尤其是Professor Norman Weingerger（1935~2016），他的廣博知識與熱心教學幫我連接了腦與心智研究的古典與現代，成為我寫這篇文章的知識基礎。

培養科學素養，
刻不容緩

輔仁大學心理學系副教授　黃揚名

　　自從人類認定腦和我們的心智運作有關係以來，腦就像一個黑盒子或者說潘朵拉的盒子一樣，大家對於這個身體部位，一直有著神祕的想像。有不少人利用人們對於腦的運作不甚了解，故弄玄虛。不論是所謂的右腦開發、大腦潛能開發、開頂成聖等等，都是如此。

　　如同巴瑞特教授在《情緒跟你以為的不一樣》中，帶我們用全新的角度看待情緒是怎麼來的；她在《關於大腦的七又二分之一堂課》書中，帶我們用嶄新的觀點來看待腦的運作。在書中，巴瑞特教授用很淺白的說法破除我們對於腦運作的迷思，並且告訴大家人類的腦究竟是怎麼運作的。

　　即使對我，這個對於腦的運作不陌生的人來說，閱讀的過程也充滿震撼與衝擊。舉例來說，巴瑞特教授在書的

第一節課，提到我們只有一個腦，而不是像80年前由保羅·馬克廉（Paul MacClean）提出的三層腦一樣，就相當具衝擊性。確實，我們對於腦的運作的很多理解，都源自於很久以前的科學證據。然而，過去幾十年來，科技進展神速，我們實在需要更新研究的方式，再次去檢視腦的運作，是否和我們以為的是一樣的。

以三層腦為例子，巴瑞特教授提到了，過往以為低等動物的腦沒有所謂的新皮層（neocortex）。但是，透過基因的比對發現，那些低等動物的腦中，可以發現和人類新皮層相同的基因，只是這基因沒有在牠們身上帶來同樣的影響。也就是說，我們不應該因為表面上看起來兩個東西是不同的，就覺得它們是不一樣的；也不應該因為表面上看起來是相同的，就認為它們是一樣的。

看完這本書，我有一個很深刻的體悟，那就是很多我們對於腦的誤解，都源自於我們對於人類腦的過度自信。我們覺得人類之所以看起來比其他物種優秀，就是因為我們的腦比牠們的厲害。不可否認的，我們的腦確實和其他物種不一樣，但是腦的存在，都只有一個共通的目的：讓這個個體可以活下去。既然我們和其他物種都還共存在地球上，就沒有道理說我們的存在比其他物種更具優勢。

若你可以從這樣的角度來思考腦的運作，你會有一些蠻不一樣的體悟。試想看看，你覺得若一個個體要具有

生存優勢，它該具備哪些特性？就拿以前我們認為腦的功能有很清楚的分化為例子，這本質上就不具生存優勢，因為若一個腦區因意外受損就喪失某些功能，對那個個體是不利的。確實，現在的證據也告訴我們，腦的運作是網狀的，而且有很強的可塑性，當某部分的腦區受損時，其他腦區就會調整自己的功能，來協助個體維持原本的運作。

　　其實不只是腦的分化，還有很多我們過去對於腦的理解，都有可能是錯誤的。若我們能從生存的觀點來思考，就會有很不同的見解，甚至會有些新發現。就像人類是群居的動物，那麼我們在研究腦的運作時，就不該只研究一個人的腦是怎麼運作的，而該去思考，腦與腦之間是否會互相影響。

　　在這個腦科學研究盛行的年代，研究者和民眾都需要有好的腦科學素養，否則就會被一些有心人士，利用腦科學的名義，來圖利自己了。就像有人可以把自己犯下的錯誤，歸咎於自己大腦的缺陷，即便現在我們還沒有足夠的證據，可以證實這個大腦缺陷和犯罪行為之間有必然的因果關係；或是，我們會誤以為從一個人大腦的影像圖，就可以證明一個人開頂成聖了。

　　就如同巴瑞特教授在《情緒跟你以為的不一樣》這本書中，提到我們對於情緒的理解，受限於實驗素材及方法，因而有了錯誤的推論一樣。腦科學研究也在經歷類似

的過程，近年來陸續有研究者對於腦科學的研究方法提出質疑。舉例來說，2020年杜克大學有一個研究就發現，即使在進行簡單的任務時，由功能性磁振造影所獲得的結果，都沒有高度的一致性。[i] 也就是說，我們過去利用功能性磁振造影的結果，來推測哪些腦部區域和某種心智運作有關聯性的這個做法，是有問題的。

這些對研究方法的質疑，不必然就是個危機，反而是一個轉機，讓我們有契機用一種更開放的態度，來面對腦是怎麼運作的這件事情。唯有態度改變了，才有機會突破僵局，搞清楚腦究竟是怎麼運作的。如果我們還像60多年前的認知心理學家一樣，堅信腦的運作和計算機（電腦）是一樣的，那麼就距離真相非常的遠了。

雖然多數的你，不一定會是腦科學的研究人員，但是若你能了解腦是怎麼運作的，相信對你的人生也會有所啟發的。畢竟，只求生存，實在是可惜了我們腦的精密設計！

---

i. Elliott, M. L., Knodt, A. R., Ireland, D., Morris, M. L., Poulton, R., Ramrakha, S., ... & Hariri, A. R. (2020). What Is the test-retest reliability of common task-functional MRI Measures? New empirical evidence and a meta-analysis. *Psychological Science*, 31(7), 792-806. https://doi.org/10.1177/0956797620916786

各界讚譽

亞馬遜2020年最佳圖書：巴瑞特博士對於謎樣大腦簡潔有力的探索，既輕鬆又有趣，而且最重要的是，生動傳達出知識，讓讀者能夠牢記在腦海之中。這本科普書籍就跟人類大腦一樣，在小小的空間中塞滿了大量東西。

——《亞馬遜書評》雅德里安·梁（Adrian Liang）

對於複雜大腦的這種簡潔易讀並富有挑戰性的觀點，將引發讀者的興趣，並讓人疑惑地想著，什麼才真的是現實。

——《舊金山書評》（San Francisco Book Review）

經過深入研究且極容易上手的巧妙大腦哲學之旅……巴瑞特博士在短短幾頁間，就消弭了在我們心中根深柢固、以為那絕對是科學事實的神話（再見了蜥蜴腦！）」而且，她是以詩人那般輕鬆簡潔不帶廢話的風格，來做到這一點的……《關於大腦的七又二分之一堂課》值得一讀再

讀，而且同樣重要的事還有，其內容亦值得深入思考。

——激勵專家丹·平克（Dan Pink）

這本既簡潔又高明的大腦入門書極為引人入勝，我個人非常推薦。

——《雜食者的兩難》作者麥可·波倫（Michael Pollan）推特發文。

腦科學方面的出色教育書籍……〔巴瑞特博士〕巧妙地運用了比喻與趣聞，概觀地傳達了這門她最愛學科的深度見解……書中簡潔怡人的內容，讓多數讀者還願意繼續閱讀許多頁的附錄，作者在附錄中以同樣清楚的表達方式更深入探討一些議題，這些議題從目的論到邁爾斯·布里格斯性格分類法，以及「柏拉圖關於人類心理的著作」等等。這是一本傑出的科普書籍。

——《柯克斯書評》星級推薦

「雙耳間三磅重的一團東西」是什麼樣的東西？〔巴瑞特博士〕花了七堂課講述大腦，並用半堂課講述大腦的演化……精心撰寫出這樣一本出色著作，來向大腦這個讓人嘆為觀止的器官致敬。

——《書單》雜誌（Booklist）

一本必讀的科學書籍。神經科學家巴瑞特博士引領讀者踏上一段旅程,從地球上最初的生物開始,歷經古代哲學家的沉思,來到當今的神經科學。

——《發現雜誌》(*Discover Magazine*)

本書的優美文筆與崇高見解如同爆竹那般撼動你的心智。若你想要詳細了解大腦與它的魔法,就從這裡開始吧。

——紐約時報暢銷書《躲在我腦中的陌生人》與《連線》(*Livewired*)作者暨史丹佛大學神經科學家大衛・伊葛門(David Eagleman)

《關於大腦的七又二分之一堂課》讀起來就像一本小說,一本以我們全體為主角的小說。巴瑞特博士以清新活潑的文筆,引領我們深入了解大腦的用途、大腦運作與安排的方式、大腦如何創造出我們體驗到的「現實」,以及大腦最終如何產生思想、感覺與行動。去讀這本書吧!它將會讓你更加認識你自己與人類這個物種。

——紐約時報暢銷書《醉漢走路:機率如何左右你我的命運和機會》、《潛意識正在控制你的行為》、《放空的科學》作者雷納・曼羅迪諾(Leonard Mlodinow)

從根本並具有啟發性的觀點來檢視一系列普遍錯誤觀
念、新興發現，以及有關我們人類在個人本性與身為社會
互動生物天性上的誘人謎團。藉由闡明具有難以想像複雜
度且持續產生變化的大腦／身體網絡，巴瑞特博士直達重
點核心，讓我們對自己是什麼樣的生物，以及擁有自由意
志與受到被動掌控的程度，有了新的認識。

——正念減壓創始人暨《正念療癒力》
作者喬·巴卡金（Jon Kabat-Zinn）

巴瑞特博士是神經科學界的先驅，也是當今對於心智
議題最有啟發力的思想家之一。準備好大吃一驚吧。

——紐約時報暢銷書《反叛，改變世界的力量》
與《給予：華頓商學院最啟發人心的一堂課》
作者亞當·格蘭特（Adam Grant）

以高明且輕鬆愉快的觀點，檢視了我們大多數人認為
自己知道但其實並非如此的大腦知識。

——紐約時報暢銷書《快樂為什麼不幸福？》
作者丹尼爾·吉伯特（Daniel Gilbert）

各界讚譽

　　巴瑞特博士以科學家的慧眼及說書人的精神寫下這本
書。這是有大腦的人必讀的一本書。

　　　　——西奈山伊坎醫學院（Icahn School of Medicine at
Mount Sinai）神經學、神經外科、精神病學暨神經科學教授
　　　　　　　　海倫·梅伯格（Helen S. Mayberg）

　　我所讀過的大腦入門書籍中最為簡潔、文筆如行雲流
水般的其中一本……〔巴瑞特博士〕是我有幸與之交談的大
膽傑出科學家與思想家之一。

　　　　　　　——人工智慧專家萊克斯·弗里德曼播客
　　　　　　　　　　　　　　　　（Lex Fridman Podcast）

目 錄

| 前½堂課 |

你的大腦不是用來思考的　29

大腦最重要的工作不是思考。它的工作是要運作一個變得極端複雜的身體。

| 第一堂課 |

大腦只有一個（不是三個）　41

你並沒有內在的蜥蜴腦或是情緒化的怪獸腦，也沒有專司情緒的邊緣系統。新皮質的名稱是誤用，因為它不是新的部位。

| 第二堂課 |

大腦是個網絡　57

你的大腦也是網絡，是由 1280 個神經元所連成的單一龐大且靈活的網絡結構。

| 第三堂課 |

幼兒大腦將自己與世界連線　75

嬰兒大腦經由兩種程序往更複雜的方向發展，這兩種程序即為調校（tuning）與修葺（pruning）。這兩者都由嬰兒腦袋外的實體世界與社會世界所驅動，也由嬰兒身體的成長與活動所驅動。這兩個程序終生運作。

作者的話

　　我以短篇札記的方式來撰寫這本書，好讓內容讀起來引人入勝且趣味橫生。本書不是關於大腦的完整教學課程，不過書中的每一堂課都代表一些有關大腦的驚人科學知識，同時也探討這可能會揭露什麼樣的人性。課程最好按順序閱讀，不過若你不想按順序閱讀也無妨。

　　身為一位教授，我通常會在文章中提到大量科學細節，像是期刊論文中的研究與指示說明。不過，由於這本書是以短篇札記方式撰寫，所以我將全部的科學參考文獻另置於我的網頁上（sevenandahalflessons.com）。

　　除此之外，在本書最後你會找到一個附錄，內容是一些精選的科學細節。我在這附錄中針對某些課程主題提供更深入的探討，解釋某些科學家們還在爭論的觀點，並把貢獻歸予提出不同思考的各方人士。

　　為什麼是 $7\frac{1}{2}$ 堂課而不是8堂課呢？開篇的 $\frac{1}{2}$ 堂課講述大腦如何演化的故事，但這只是對於巨大演化歷史的驚鴻一瞥，所以只能算是半堂課。這 $\frac{1}{2}$ 堂課所帶入的概念，對於閱讀本書後續內容至關重要。

　　希望你能享受學習一位神經科學家所認為的大腦迷人之處，以及雙耳間三磅重的一團東西如何讓你成為人類。本書不是要你去思考人性是什麼，而是要邀請你去想想自己是什麼樣的人，或是想成為什麼樣的人。

前 $\frac{1}{2}$ 堂課

你的大腦不是
用來思考的

　　很久很久以前，掌管地球的是沒有大腦的生物。這可不是什麼政治聲明，只是個生物學上的陳述。

　　其中一種沒大腦的生物就是文昌魚（amphioxus），如果你曾瞄過文昌魚一眼，你可能會錯把牠當成小蟲，除非你注意到牠身體兩側有像鰓那般的裂縫。在五億五千萬年前，文昌魚就已經出現在海洋中[ii][1]，過著簡單的生活。文昌魚得益於基本的動作系統，讓牠可以在水中推進。牠還擁有一種簡單的覓食方式：將自己像海草那般停駐在海底，吃下恰巧流進牠口中的任何微小生物。文昌魚不在意味道與氣息，因為牠缺乏像你那樣的感官知覺。牠沒有眼睛，只有一些可以偵測光線變化的細胞，牠也聽不見聲

---

ii. 編註：阿拉伯數字註釋，請參閱書末〈附錄〉相關章節。

音。牠貧乏的神經系統中，只有小小一團還稱不上大腦的細胞[2]。你可以說，文昌魚就是附有胃的一根棍子而已。

文昌魚是你的遠房親戚，今日仍然存在。當你看著一隻現代的文昌魚時，你就是在看一個類似自己祖先的生物[3]，那個漫遊在同樣海域的小小祖先。

你可以想像出在史前海洋裡如小蟲般的5公分生物，並且隱約領會出人類演化的歷程嗎？這很困難。你有太多古老文昌魚所沒有的東西：幾百根骨頭、許多內臟、四肢、鼻子、迷人的微笑，還有最重要的大腦。文昌魚不需要大腦。牠的感測細胞與運動細胞相連，所以牠無須經過太多程序就可以在水中世界做出反應。然而，你則有個複雜又強大的大腦，能夠產生思想、情緒、記憶與夢境等等的各種心理狀態，大腦這個內在生命大量形塑了你存在的意義與獨特性。

為什麼會有像我們這樣的大腦演化出來？[4]顯而易見的答案是**為了思考**。一般會認為大腦是以某種進步的方式來演化，例如從低等動物的大腦演化至高等動物的大腦，其中位於頂端的就是最為複雜且能夠思考的人類大腦了。畢竟，思考是人類特有的強大能力，是吧？

不過這個顯而易見的答案卻是錯誤的。事實上，認為我們的大腦是為了思考而演化的想法，已經成為許多對人性強烈誤解的根源。一旦你放棄這個寶貴信念，就是往了解大腦

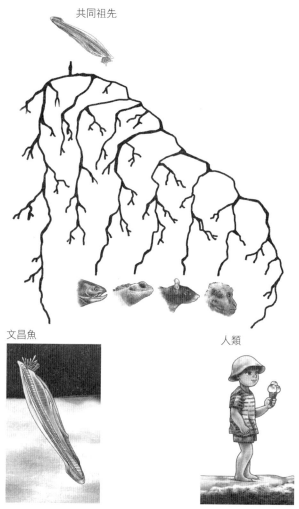

共同祖先

文昌魚

人類

文昌魚不是我們的祖先，但我們的共同祖先與現代的文昌魚非常類似。

真正運作方式與大腦最重要工作的方向踏出第一步,也是為最終去了解你自己是個什麼樣的生物邁出第一步。

五億年前,當文昌魚與其他小型生物仍在海底靜靜覓食時,地球進入了科學家稱為寒武紀(Cambrian)的時期。在這段期間,演化的場景中出現了某件重要的新事物:狩獵。在某個地方不知怎麼地出現了某種生物,這種生物可以**感測**另一生物的**存在**,並意圖吃掉對方。在這之前,動物會吞食對方,但在這之後,覓食變得更有目的性。狩獵不需要大腦,但它是往發展大腦的方向所踏出的一大步。

在寒武紀所出現的掠食者,將地球變成了一個更有競爭性也更危險的地方。掠食者與被掠食者都演化出更能感測周遭世界的能力,牠們開始發展更精密的感覺系統。文昌魚只能分辨明暗,而新的生物則能真正地看到。文昌魚只有簡單的皮膚知覺,而新的生物則演化出可以感受在水中運動時更完整的身體感覺,也演化出讓牠們可以經由振動偵測物體的更強大觸覺。時至今日,鯊魚仍然使用這種觸覺來定位獵物。

隨著更強大的感測能力出現,生存最關鍵的問題變成:**遠遠的那團東西是可以吃的,還是會把我吃掉?**較能感測周遭環境的生物,就更有可能生存與繁衍下去。文昌魚是牠生活環境裡的生存大師,但牠無法感測到自己**身處**的環境。而這些新興動物可以。

這些狩獵者與獵物也都同時多了另一項新能力：更加精密的各種動作。文昌魚的感測與運動神經交織在一塊，所以只能做出非常基本的動作。當流進文昌魚嘴裡的食物稀稀落落時，牠就會隨機往某個方向扭動，把自己移駐另外一個地方。任何可隱約感測到的陰影都會促使牠快速溜走。不過在狩獵的新世界中，狩獵者與獵物都開始演化出功能更為強大的動作或運動系統，好擁有更快速且更靈敏的導航能力。這些新興動物可以快跑、轉向與俯衝，有意圖地靠近像食物的東西或是遠離具有威脅的東西，以這樣的方式來適應環境。

一旦生物在遠處就可以感測並做出更精密的動作，演化就會偏好那些能有效執行這類任務的生物。若牠們在追捕食物時動作緩慢，那麼就會有其他生物先捕獲那個食物並把食物吃掉。若牠們為了逃脫根本不存在的威脅而耗盡了能量，牠們就浪費了之後也許會需要的能量。使用能量的效率是生存的關鍵。

你可以將能量效率想成編列預算。財務預算會追蹤金錢的收入與支出。你身體的預算也同樣會追蹤身體所需的能量資源，像是你所吸收與消耗的水、鹽與葡萄糖等等。游泳與跑步之類會消耗能量的每種運動，就好像是從你身體的帳戶提款一樣，而進食與睡覺之類可以補充資源的每個動作，則像是存款一樣。這是個非常簡化的解釋，但它

氧氣
二氧化碳
鹽
水
皮質醇
脂肪
葡萄糖
鴉片化合物
胰島素
多巴胺
大麻素
血清素
發炎物質

大腦為身體編列預算,以調節水、鹽、葡萄糖與身體內許多其他生物資源。科學家稱這種預算編列為整體調節(allostasis)。

捕捉到運用身體所需資源上的關鍵思維。每個你所做（或不做）的動作都是經過經濟考量而做出的選擇——你的大腦在猜測什麼時候可以消耗資源，什麼時候又要儲存資源。

　　維持財務預算的最佳方案就是避免意外的發生，你可能也已經從個人經驗中知道，要在你的財務需求出現之前就先預測到，並要確保你有足夠的資源去應付。身體的預算也是一樣。寒武紀的小小生物需要有效運用能源的方式，以在飢餓的掠食者靠近時得以生存。牠們是否要等到飢餓的野獸有動作時，才以僵住或躲藏的方式來反應？或是牠們應該要預測到這樣的危險，事先就準備好要逃走？

　　說到身體預算，事前預測絕對勝過臨場反應。在掠食者攻擊前就先準備好行動的生物，要比等到掠食者猛攻才反應的生物更能活到明天。多數時候都能正確預測的生物，或是較少出現致命錯誤並能從中學習的生物，都比較能夠生存下來。那些時常預測錯誤、不知道威脅或是發出錯誤警報的生物，則較無法生存。牠們對環境的探索較少、能夠覓得的食物較少，所以也比較無法繁衍下去。

　　編列身體預算的科學名稱為**整體調節**（*allostasis*）[iii][5]。它

---

iii.審定註：allostasis 這個字有多重意義，一方面它是針對 homeostasis 而言，有多向度平衡的意思，後者是指哪一個系統失衡就針對同一個系統補充或回復，但是allostasis 則可以動員其他系統來補足，體內各系統通通可以介入某一項的不足，如內分泌、神經或免疫。同時它也意味著不是等到不平衡以後才來彌補，而是可以事前就預測某事會發生而事先預儲資源。

意味著：在身體需求**出現之前**，就能先自主性地預測與準備好以應付需求。寒武紀的生物為了一整天的感測與動作需要消耗資源，而整體調節則能在多數時間中維持牠們身體系統的平衡。也就是說，要提款沒關係，只要及時把要花費的資源補充好就可以了。

動物要如何預測自己身體的未來需求？最佳的資訊來源是牠們的過去，也就是牠們曾身處相同環境時所採取的行動。若是過去的行動讓牠們受益，像是成功逃脫或是得到美味食物，牠們就會想要重覆那樣的行動。包括人類在內的所有動物，都會以某種方式想起過去的經驗，讓自己的身體準備好行動。預測是個非常有用的能力，即使是單細胞生物也會事先計畫它的行動。科學家們仍在嘗試解開單細胞生物如何進行預測的謎題。

那麼在腦中想像一下吧，有個小小的寒武紀生物飄浮在海流中，並感測到前方或許有個美味可口的東西。那現在要採取什麼行動？牠可以移過去，但應該移動嗎？畢竟，移動會消耗預算中的能量。從經濟層面來說，這得要是個**值得付出代價**的行動[6]。這是根據過去經驗所做出的預測，好讓身體有所準備以採取行動。要說清楚的是，我不是指權衡過利弊得失所做出的那種有意識且經深思熟慮的決定。我說的是，生物在預測且採取這個而非那個行動時，體內必定會發生的**某件事**。那是會反映出決定性價值

的**某件事**，而任何行動的價值都與整體調節所規劃的預算密切相關。

在此同時，古老的動物持續演化出體型更大也更為複雜的身體，這代表身體內部變得更為精密[7]。文昌魚就是附有胃的一根棍子而已，幾乎沒有可以進行調節的身體系統。少許細胞就足以讓牠的身體在水中保持正常姿勢，並在原始腸道中消化食物。不過，新興動物則發展出複雜的系統，例如：具有心臟可以打出血流的心血管系統、可以吸入氧氣並呼出二氧化碳的呼吸系統，以及可以抵抗感染的適應性免疫系統。這類系統讓身體編列預算時更有挑戰性，不再像是處理單一銀行戶頭，而是要掌控大公司的會計部門。這些複雜身體所需的東西不只是少許細胞，而是要可以確保水分、血液、鹽、氧氣、葡萄糖、皮質醇、性荷爾蒙及其他數十種資源都能調節良好，以維持身體的有效運作。它們需要一個指揮中心，那就是**大腦**。

因此，動物逐漸演化出要維持更多系統的較大身體，原先編列身體預算的少許細胞也演化成更為複雜的大腦。快轉到幾億年後，地球現在到處都是各式各樣的複雜大腦，其中也包括人類大腦。人類大腦可以有效監督600塊肌肉運動、平衡數十種不同的荷爾蒙、每天打出7000多公升的血流、調節大量腦細胞的能量、消化食物、排出廢棄物與對抗疾病，這一切在差不多72年期間都不會停止。你

的身體預算就像大型跨國公司裡的數千個財務帳戶，而你也有一個可以勝任此份工作的大腦。你的所有身體預算發生在一個極其複雜的世界，這個世界同時存在有其他的生物，其他生物的大腦會讓這個世界更具有挑戰性。

因此，回到我們原先的問題：為什麼會演化出像你這樣的大腦？這個問題其實無法回答，因為演化不是為了特定目的而進行，所以沒有「原因」。但我們**可以知道**大腦最重要的工作是什麼，不是理性、不是情緒、不是想像或創造力或是同情心。大腦最重要的工作是：經由預測能量需求來掌控身體，也就是控管「整體調節」，它得要在能量需求出現之前就先預測到，好讓你能有效採取具有價值的行動與生存之道。你的大腦持續開發你的能量，希望能夠獲得食物、住所、情感或人身保護之類的良好回報，好讓你得以執行大自然的最重要任務：將基因傳遞給下一代。

簡而言之，大腦最重要的工作不是思考。它的工作是要運作一個變得極端複雜的身體（原本只是像文昌魚那樣的小蟲身體）。

當然，大腦**會**思考、感覺、想像與創造幾百種其他經驗，像是讓你可以閱讀與了解這本書。但所有的心智能力其實都是一項核心任務所帶來的結果，這項任務即是藉由規劃身體預算讓你可以好好生存下去。大腦所創造的每一件事，無論是從記憶到幻覺，還是從狂喜到羞愧，都是這

個核心任務的一部分。大腦有時會編列短期預算，就像是你為了熬夜趕報告會喝杯咖啡，心裡也知道現在先借的能量明天就得還回去。大腦有時則會編列長期預算，像是你會花上幾年的時間去學習數學或木工這類困難技巧，這需要長久投資，但最終能協助你生存與茁壯。

我們的每個想法、我們快樂生氣或敬畏的每種感覺、我們給予或得到的每個擁抱、我們釋出的每個善意以及我們所承受的每個恥辱，都會存入或提取我們的新陳代謝預算，你我意識不到，但這卻是幕後實際發生之事。這個概念是了解大腦如何運作的關鍵，也是後續如何健康長壽且更有意義生活下去的關鍵。

這個小小的演化故事是一個長篇故事的起頭，這個長篇故事將談到你的大腦與周遭人士的大腦。在接下來的短短7堂課中，我們將遊歷神經科學、心理學與人類學的卓越科學發現，這些發現會徹底改變我們對自己腦袋的認知。你將會知道，是什麼讓人類大腦在充滿出色大腦的動物王國中如此特別；你將會探索到幼兒大腦如何逐漸轉變為成人大腦；你也會發現一個人的大腦結構如何產生出不同的心智。甚至還會探討到現實的問題：究竟是什麼給了人類發展習俗、規範與文明的能力？在這一路上，我們將會重新遊歷身體預算與預測，以及它們在創造行動與經驗上的核心角色。我們還會揭開你的大腦、你的身體與他人體內

大腦之間的強力連結。在本書最後，希望你會跟我一樣開心地了解到：你的思考能力可不是只能用在思考上而已。

第一堂課

大腦只有一個（不是三個）

　　二千年前，古希臘有位名為柏拉圖的哲學家提到了一場戰爭。那不是城市或國家間的戰爭，而是每個人內心的戰爭。柏拉圖寫道，人類心智[1]是控制行為的三個內部力量間永無止境的戰爭。第一個力量是由本能需求所構成，像是飢餓與性慾。第二個力量是由情緒所構成，例如喜悅、生氣與害怕。柏拉圖繼續寫道，你的本能需求與情緒就像是野獸那般，將你的所作所為拉往可能是不明智的不同方向上。為了對付這種亂象，你有了第三個內部力量「理性思考」，理性思考可以控制這兩頭野獸，並引導你走上更為文明公正的道路。

　　柏拉圖這則關於內心衝突的道德故事讓人折服，它也仍是西方文化中最受珍視的故事之一。我們之中有誰沒有

感受過內心慾望與理性的拉鋸戰呢？

　　因此，後續發生的事也不足為奇了，科學家後來就將柏拉圖的戰爭論套用到大腦上[2]，試圖解釋人類大腦如何演化。據說，很久很久以前，我們都是蜥蜴。三億年前，爬行動物的大腦連線到覓食、戰鬥與交配這類基本慾望上。大約一億年後，大腦演化出賦予我們情緒的新部位，我們成了哺乳動物。最後，大腦演化出調節我們內在怪獸的理性部分。我們變成人類，並從此過著具有邏輯的生活。

　　根據這個演化故事，人類大腦最後分成三層，一層是為求生存，一層是為了感覺，還有一層是為了思考，這稱為**三重腦理論（triune brain）**。最深的一層也稱為蜥蜴腦，據說是從古老爬行動物那裡繼承而來，掌控了我們的本能需求。中間一層稱為**邊緣系統（limbic system）**，據說包括了從史前哺乳動物繼承而來的古老情緒部分。最外層，也就是部分大腦皮質[3]，據說是人類所獨有而且是理性思考的來源，被稱為**新皮質（neocortex）**。新皮質的其中一部分稱為前額皮質，據說可以調節情緒大腦與蜥蜴腦，讓非理性及動物本能的一面受到控制。擁護三重腦理論的人士指出人類擁有極大的大腦皮質，他們認為這是人類擁有獨特理性本質的證據。

　　你可能注意到了，對於大腦演化，我提出了兩種不同的說法。我在前半堂課中表示，當大腦為越來越複雜的身

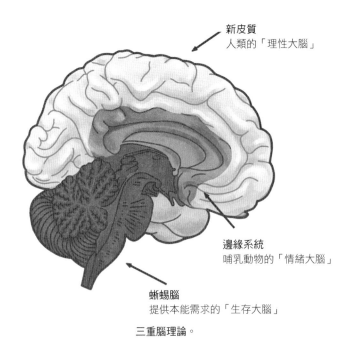

新皮質
人類的「理性大腦」

邊緣系統
哺乳動物的「情緒大腦」

蜥蜴腦
提供本能需求的「生存大腦」

三重腦理論。

體能量來源編列預算時，逐漸演化出精密的感覺與運動系統。但三重腦的說法則顯示大腦分層演化，好讓理性征服我們的動物本能與情緒。這兩個不同的科學觀點要如何整合呢？

　　幸好我們無須整合這兩個科學觀點，因為其中之一是錯誤的。在所有科學中，三重腦的想法是最成功也最普遍為世人所接受的錯誤之一[4]。這個觀點是個吸引人的說法，有時還可以捕捉到我們在日常生活中的感受。舉例來說，

你的味蕾受到美味軟綿的巧克力蛋糕片所誘惑，不過你因為才剛吃完早餐，所以拒絕享用，這時很容易就會讓人相信，衝動的內在蜥蜴腦與情緒邊緣系統要把你推入蛋糕的陷阱裡，不過理性的新皮質與前兩者搏鬥，讓它們屈服了。

但**人類大腦可不是這樣運作的**。不好的行為並不是從古老放縱的內在怪獸而來。好的行為也不是理性的結果。理性與情緒並沒有在交戰……它們甚至居住在同個大腦區域。

三重腦理論是有幾位科學家歷經數年的時間所提出，並在20世紀中葉由名為保羅・馬克廉（Paul MacLean）的醫師正式定論。馬克廉認為大腦就像柏拉圖戰爭論那般建構，他還使用當代所能取得的最好技術來證明他的假設，也就是用「肉眼觀察」的方式來證明。這代表經由顯微鏡來觀察各種死亡蜥蜴及死亡哺乳動物（包括人類在內）的大腦，並只根據肉眼觀察來決定其中的異同，馬克廉斷定人腦有其他哺乳動物大腦所沒有的大量新部位，他稱之為新皮質。他還認定哺乳動物大腦有爬蟲類動物大腦沒有的大量部位，他稱之為邊緣系統。就這樣，人類起源的故事誕生了。

馬克廉的三重腦故事在科學界受到某些領域的關注。他的假設簡單高雅，似乎又與達爾文對於人類認知演化的想法不謀而合。達爾文在其著作《人類的由來》（*The Descent of Man*）中斷定，人類心智是隨著身體演化，因此每個人體內都躲藏著一隻內在怪獸，需要運用理性思考來馴服。

　　天文學家卡爾・薩根（Carl Sagan）在1977年的普立茲獎著作《伊甸園之龍》（*The Dragons of Eden*）中，向廣大民眾介紹了三重腦理論。今日，像蜥蜴腦與邊緣系統這類名詞，流竄在科普書籍與報章雜誌中。在撰寫這堂課時，我剛好在附近超市看到一份《哈佛商業評論》（*Harvard Business Review*）特刊，內容在解說如何「刺激顧客的蜥蜴腦以銷售產品」。這份特刊旁邊擺放的是《國家地理》雜誌特刊，裡頭列出了哪些大腦區域構成了所謂的「情緒大腦」。

　　鮮為人知的是，在《伊甸園之龍》出版時，大腦演化專家就已經取得可以證明三重腦理論不正確的強大證據，這份證據是肉眼看不到的，隱藏在神經元這種大腦細胞的結構中。到了1990年代，專家學者就已經完全摒棄三重腦理論了。因為當他們使用更精密的工具分析神經元時，所觀察到的結果完全無法支撐這個理論。

　　在馬克廉的時代，科學家在動物們的大腦中注入染劑，切成如肉紙般的薄片，瞇著眼透過顯微鏡觀看著這些染色薄片，藉此來比較動物之間的大腦。今日研究大腦演化的神經科學家依然會這樣做，但他們也會使用較新的方法來觀察神經元內部與檢視裡頭的基因。他們發現來自兩種動物身上的神經元，雖然**看起來**非常不同，卻**有著相**

同的基因，這表示這些神經元有著相同的演化起源。舉例來說，若我們在人類神經元與老鼠神經元上發現相同的基因，這類具有相同基因的神經元很有可能是我們共同祖先所擁有的神經元[5]。

這些方法讓科學家了解，演化並非像沉積岩層層堆疊那般堆疊出大腦的結構。但人類大腦顯然與老鼠大腦不同，若不是層層堆疊造成兩者大腦的差異，那究竟是由什麼所造成？

研究結果顯示，大腦會隨著演化而變大，它們會進行重組[6]。

讓我舉例說明。大腦有四組神經叢（四個腦部區域）可以讓你感受到自己的肢體動作，並協助創造觸覺感受，這些腦部區域統稱為初級體感皮質。不過在老鼠的大腦中，執行同樣任務的初級體感皮質則只有單一區域。如果我們像馬克廉一樣，只以肉眼檢視人類與老鼠的大腦，可能也會相信老鼠缺少了人腦中有的三個體感區域。我們可能會因此斷定，這三個區域是人類新演化出來的，所以必定擁有專屬人類的新功能。

然而科學家卻發現，在人類的四個腦區與老鼠的單一腦區中，有著許多相同的基因。這個科學上的小小資訊傳達出有關演化的訊息，那就是大約在6600萬年前，人類與囓齒動物的最後共同祖先可能擁有能夠執行今日人類四腦

區某些功能的單一體感區域。隨著我們祖先演化出更大的大腦與身體，前述單一腦區很有可能擴展並進行再劃分，以重新分配職責。大腦這種區域劃分後再整合[7]的安排，創造出可以控制更大、更複雜身體的更複雜大腦。

要比較不同物種的大腦並去發現其中的相似處是件棘手之事，因為演化的路徑曲折又不可預測。眼見不能為憑。肉眼看似不同的部分可能有著相同的基因，而具有不同基因的部分卻可能以肉眼看來都極為相似。即使你在兩種不同動物的大腦中發現相同基因，這些基因的功用也可能不一樣。

拜最近的分子遺傳學研究之賜，我們現在知道爬蟲類動物與其他哺乳類動物跟人類有著同樣的神經元[8]，牠們甚至也有那些傳說中形成人類新皮質的神經元。人類大腦不是因為爬行動物演化出另外的情緒與理性部分所產生，而是發生了一些有趣事情所造成。

科學家近來發現到，**所有哺乳動物**的大腦都是依據同一份藍圖所建構，而爬行動物與其他脊椎動物很有可能也是依循同樣的藍圖建造。包括許多神經科學家在內的眾多人士都不清楚這項研究，而知情人士也才剛剛開始思考其中的含義。

通用大腦建構藍圖[9]是從受精不久後就開始啟動，那時胚胎會開始製造神經元。哺乳動物大腦的神經元令人驚奇

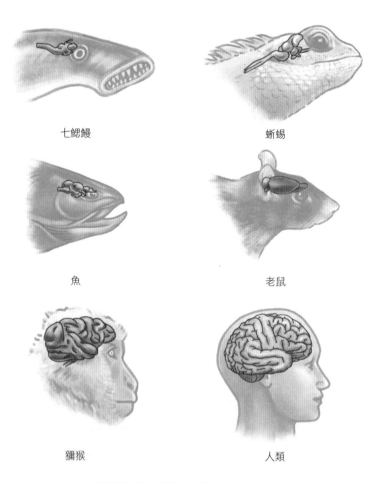

七鰓鰻　　　　　　　　　蜥蜴

魚　　　　　　　　　　　老鼠

獼猴　　　　　　　　　　人類

以肉眼觀察許多動物的大腦會覺得差異甚大。

地以可預測的順序創造出來。這個順序適用在老鼠、貓、狗、馬匹、食蟻獸、人類與其他所有目前研究過的哺乳動物上，而且基因上的證據也強烈顯示，爬蟲類、鳥類與某些魚類也是按照同樣順序進行。是的，就我們目前所擁有的科學知識來看，你跟會吸血的七鰓鰻有著同樣的大腦建構藍圖。

　　若是許多脊椎動物的大腦都按相同順序建造，為什麼牠們彼此的大腦看起來如此不同？這是因為建構過程分成各個階段，而不同物種的階段**長短不一**所致。也就是說，用來組裝的生物積木是相同的，但建構的時間長短不同。舉例來說，人類製造大腦皮質神經元的階段要比囓齒動物長，而囓齒動物又比蜥蜴長，因此你的大腦皮質很大，老鼠的大腦皮質比較小，鬣蜥蜴的就很小或甚至不存在（對此仍有爭議）。若你可以神奇地進入蜥蜴的胚胎中，促使建構階段達到跟人類一樣長的時間，那麼它可能就會產生像人類大腦皮質的東西。（雖然它可能無法像人腦那樣運作，因為即便是大腦，尺寸大小並不是一切。）

　　所以人類大腦沒有新的部分[10]。人腦中的神經元在其他哺乳動物大腦中也找得到，在其他脊椎動物中也很有可能找得到。這個發現瓦解了三重腦理論的演化基礎。

　　那麼這個理論的其他部分，即人腦擁有極大皮質讓我們成為最理性動物的部分又如何呢？好吧，沒錯，人類大

腦皮質很大，並在長時間演化後擴展，這也讓我們做起某些事來可以比其他動物優秀一點，前述這些在後續課程中都會提到。不過這裡真正的問題是，相較於其他動物的大腦，人類大腦皮質是否只是按比例變大呢？所以更具科學意義的問法是：**有鑑於我們整個大腦的尺寸，人類大腦皮質真的有很大嗎？**

讓我們先來打個比方，好去了解為什麼這是一個比較好的問法。想一下你在人們家中所看到的各式廚房。有些廚房很大，有些廚房很小。想像你發現自己身處一個巨大廚房。你可能會想，哇！這些人一定很愛下廚。這是個合理的推論嗎？不是，不能只靠廚房大小來下定論。你也必須考慮廚房要與房子其他部分成比例。大房子裡有大廚房是很尋常的一件事，這不過是一般房子的放大版而已。不過小房子裡有大廚房就很可能是有其他特殊原因了，像是住戶是個熱愛美食的大廚。

同樣的原則也適用於大腦。一個大型大腦中有著成比例的大型大腦皮質，這一點也不特別，而人類的情況其實就是這樣。**所有**哺乳動物的大腦都有相對上來說比較大的皮質區域，而牠們的身體尺寸相對上也比較大。大腦較小的猴子、黑猩猩與許多肉食動有著比較小的皮質，而人類的皮質只是牠們的放大版而已。大腦較大的大象與鯨魚則有著比較大的皮質，而人類的皮質也只是牠們的縮小版而

已。如果猴子的大腦可以長得跟人類的一樣大，牠的大腦皮質就會跟我們的一樣大。大象的大腦皮質比人類大，但如果人類大腦跟大象一樣大的話，我們的皮質也會那麼大。

因此，皮質的大小不是演化出來的新東西，也不需要特別解釋。皮質大小也與物種具有多少理性無關。如果有關的話，那我們最知名的哲學家就會是大象荷頓（Horton）、大象巴巴（Babar）與小飛象（Dumbo）了。西方科學家與知識份子建構了大型理性皮質的概念，並讓這個概念活躍了許多年。真正的故事其實是這樣：在演化過程中，某些基因突變造成了特定大腦發展階段持續的時間長短不同，於是就產生出部位大小成比例差異的大腦。

所以你並沒有內在的蜥蜴腦或是情緒化的怪獸腦，也沒有專司情緒的邊緣系統[11]。新皮質的名稱是誤用，因為它不是新的部位。許多其他脊椎動物也會長出相同的神經元，在某些動物身上，若關鍵階段持續夠久的話，這些神經元就會組成大腦皮質。若你讀到或聽到任何的資訊宣稱人類新皮質、大腦皮質或前額皮質是理性的根源，或是說額葉負責調節所謂的情緒大腦區域以監督不理性的行為，那都是過時或令人遺憾的不完整資訊。三重腦理論與它在情緒、本能需求與理性之間的史詩戰爭，只是個現代神話[12]。

這裡要說清楚的是，我並不是說人類較大的大腦沒有優勢。（它究竟提供了什麼樣的優勢？答案將在後續課程中

揭曉。）我們真的是唯一可以建造摩天大樓與發明薯條的動物，但就如同我們將會看到的，這些能力不單單只是因為有較大的大腦就會出現。而且其他動物也有演化出明顯超越我們的能力：我們沒有翅膀可以飛；我們舉不起有自己50倍重的東西；我們失去的手腳無法再生。對我們而言，這些都是超能力，但對所謂的低等生物而言，卻可能是家常便飯。甚至細菌在某些任務上，像是在外太空或腸道內部之類的惡劣陌生環境中求生存，都比我們有天份。

　　天擇並非針對人類所設計，我們只是一種有趣的生物[13]，具有特殊適應力可以協助我們在特定環境中生存繁衍。其他動物絕不比人類低等，牠們也以獨特有用的方式適應了自己的環境。人類大腦並沒有演化得比老鼠或蜥蜴的大腦還要**更多**，就只是**不同類型**的演化而已。

　　若真是這樣，為何三重腦的神話仍然這麼普遍？為何大學教科書中仍寫著人類大腦中有邊緣系統，並說大腦皮質會調節邊緣系統？若大腦演化專家們已在數十年前就推翻了這樣的概念。為何昂貴的主管培訓課程還在教導執行長們要控制自己的蜥蜴腦？有部分原因是因為這些專家們需要更好的宣傳部門。但主要原因是三重腦理論是個自帶掌聲的故事。人類以理性思考的無比能力成就了這個故事，人類戰勝動物本能並掌管了地球。相信三重腦理論就是頒給人類自己最佳物種的獎杯。

　　柏拉圖戰爭的概念，也就是理性對決情緒與本能的概念，長久以來都是西方文化對人類行為的最佳解釋。若你能適當限制自己的本能與情緒，你的行為就會被認為是理性且負責。若你選擇採取不理性的行動，那你的行為就會被認定為不道德。若你無法採取理性行動，那你就會被認為罹患了心理疾病。

　　但理性行為究竟是什麼？傳統上來說，就是不帶情緒。思考被認為是理性的，而情緒則被認為是不理性的。但事實並非如此。有時情緒是理性的，像你面臨危險時會感到害怕即是。而有時思考也會是不理性的，像你在社交媒體上打混了好幾個小時，一邊告訴自己說你一定會遇到重要的事情。

　　理性比較合適定義成「規劃身體預算」這項大腦最重要的工作，也就是去處理水、鹽、葡萄糖與其他所有日常所需的身體資源。依照這樣的觀點，理性代表花費或儲存能源以在當下環境中求得生存。假設你的人身處境有危險，你的大腦就會將你預備好要逃跑。大腦會引導位於腎臟上方的腎上腺全力分泌皮質醇，這是一種能夠提供能量快速爆發的荷爾蒙。從三重腦理論的觀點來看，皮質醇爆發是本能而非理性。但從身體預算的觀點來看，皮質醇爆發是理性的，因為這是大腦為你的生存與可能後代的生存所做的正向投資。

　　那麼若是沒有危險，你的身體卻準備好要逃跑，能算是不理性的行為嗎？這取決於整體情況。假設你是置身戰地的士兵，時常會面臨危險，那你的大腦時時預測有威脅就是合理的。你有時會猜錯，而在沒有危險的時候湧入大量的皮質醇。從某種觀點來看，我們可將這個假警報視為不必要地浪費了也許之後需要的資源，所以認定這是不理性的。但若身在戰地，從身體預算的觀點來看，這個假警報也許是合理的。你可能在當下浪費了一點葡萄糖或其他資源，但長遠來看，你的生存機會變大了。

　　若你從戰地回到安全的家中，但你的大腦持續出現假警報，就像創傷後壓力症候群那樣，這些行為仍被認為是理性的。你的大腦正在保護你免於受到它當下所認定的危險，即使這樣頻繁的索取重挫了你的身體預算。這裡的問題在於你大腦的信念，它們還沒有適應好新環境，你的大腦還未做出調整。而我們所謂的心理疾病可能就是種短期上合理的身體預算編列，卻與當下環境、他人需求或你本身未來的最大利益不同步。

　　因此，合理行為代表在特定情況下所能做出的良好身體預算投資。劇烈運動時，會有大量皮質醇湧入血流中，讓你感到不舒服，但我們還是認為運動是理性的行為，因為它對未來的健康有益。當你遭受到同事批評時所湧現的皮質醇也算是理性的，因為這樣可以提供更多葡萄糖，好

讓你學習新事物。

　　若認真看待這些想法，可能會動搖我們社會各種神聖制度的根基。以法律為例，律師為了替自己的委託人開脫，會說他們因為一時衝動，使得情緒淹沒了理性，所以他們的行為不能完全歸咎到他們身上。但感到沮喪並不是非理性的證據，也不是什麼所謂的情緒大腦劫持了原本的理性大腦那樣。沮喪或許證明了整個大腦正將資源花費到可以預期的回報上。

　　許多社會制度中都摻雜有「人類內心在交戰」的概念。在經濟中，為投資者行為所建立的模型，理所當然地認定理性行為與情緒行為之間有明顯區別。在政治中，我們有著利益衝突明顯的領導人們，像是他們現在監督著自己過去所做的企業遊說工作，卻相信自己很容易就能撇開情緒，為人民利益做出理性決定。在這些崇高理念下，都隱藏著三重腦理論的神話。

　　人類只有一個大腦，不是三個。要擺脫柏拉圖的古老戰爭，我們或許需要從根本上重新思考理性的意義、對行為負責的意義，甚至是身而為人的意義。

第二堂課

大腦是個網絡

地球上的腦袋們已經在大腦這個議題上思考了幾千年之久。亞里斯多德認為大腦是心臟的冷卻器，有點像是車子裡的散熱器那樣。中古世紀的哲學家主張某些大腦腔室中住著人類的靈魂。19世紀則出現一種名為顱相學的流行觀點，認為大腦就像拼圖一樣，每一片都會產生不同的人格特質，例如自尊心、消極或愛。

冷卻器、靈魂的住所、拼圖，通通不過是幫助我們了解大腦是什麼與具有什麼功用的比喻罷了。

今日，圍繞在我們周遭所謂關於大腦的事實，也只是比喻而已。若你曾聽過左腦具有邏輯性而右腦具有創造力的說法，那也不過是個比喻罷了。因此心理學家丹尼爾・康納曼（Daniel Kahneman）在著作《快思慢想》（*Thinking,*

Fast and Slow）中探討了一個想法，就是大腦有個「系統一」是用來處理快速的本能反應，還有個「系統二」來處理需要較多思索的緩慢思考過程。（康納曼非常清楚系統一與系統二只是對於心智的比喻，但它們常常被錯認為真實存在於大腦中的結構。）有些科學家稱人類心智是許多「心智器官」的集合，這些心智器官包括了害怕、同情、嫉妒與其他有關生存的心理工具，但大腦本身不是這樣構成的。大腦也不會因為活動而「啟動」，不會有部分開啟、部分關閉的情況發生。大腦也不是使用電腦檔案供後續檢索與讀取的那種方式來「儲存」記憶。這些比喻想法出自對大腦已過時的觀念。

　　若真正的大腦不像這些比喻所說的那樣運作，而三重腦理論又是虛構的，那麼讓我們成為人類的到底是什麼樣的大腦？又是什麼樣的大腦讓我們擁有合作與語言的能力，並且有能猜出他人想法或感受的天賦？究竟是什麼樣的大腦**才能**創造出人類心智？

　　這些問題的答案要從一個重要的見解說起，那就是「你的大腦是個**網絡**」，它是許多部位的集合，這些部位連結成單一整體來運作。你必定對我們周遭的其他網絡很熟悉，像是網際網路就是連結各種工具的網絡，蟻窩是經通道連接地底各處所形成的網絡，而你的社交網絡則是由與你相關者所集合而成的網絡。你的大腦也是網絡，是由1280億

個神經元所連成的單一龐大且靈活的網絡結構[2]。

「大腦是個網絡」可不是個比喻[3]，這是對於大腦如何演化、建構與運作的現有最佳科學描述。如同你將會看到的，這個網絡結構將使我們更進一步了解大腦憑藉什麼得以創造出心智。

1280億個神經元如何形成單一網絡？一般來說，每個神經元看起來就像一棵小樹[4]，上面有茂密的樹枝，中間是長長的樹幹，底下是樹根（好啦，我知道自己用了比喻！）茂密的樹枝就是所謂的樹突，可以從其他神經元那裡接受訊號，而樹幹就是所謂的軸突，可經由根部將訊號傳送到其他神經元。

1280億個神經元日以繼夜地不斷相互交流通訊。當一個神經元活化時，電位訊號就會迅速經由樹幹到達根部。訊號會促使根部釋放化學物質到神經元之間的間隙，也就是突觸。化學物質越過突觸，附著在另一個神經元的茂密枝狀頂部，同時活化神經元，就這樣，神經元將訊號傳遞至下一個神經元上。

樹突、軸突與突觸的這種排列，將1280億個別神經元交織成一個網絡。為了簡單起見，我會把這整個排列簡稱為大腦「連線」[5]。

大腦的網路一直都是開啟著。神經元不會只是坐等外界發生了某事才活化。相反的，所有神經元彼此都會經由

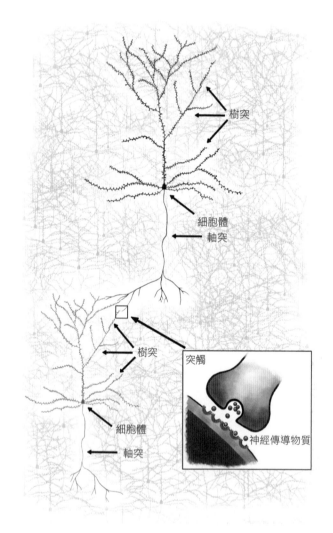

神經元與其連線。

連線持續進行交流。它們的交流會依據外界或體內事物而有所增減，但直到你死亡，它們才會停止交流。

　　大腦中的交流是一項在速度與成本間取得平衡的作用。每個神經元只將訊息直接傳遞給數千個其他神經元，也從數千個神經元那裡接收到訊息，在釋出與接收間，造就了500兆神經元與神經元間的連線。這是個極大的數目，不過若是每個神經元都能直接與網絡中的**每個**其他神經元連線，那麼這個數目還會更龐大。但更多連線的這種結構會讓大腦耗盡賴以為生的資源。

　　所以我們有著比較經濟實惠的連線排列，有點像是全球飛航系統（是的，我又用了一個比喻）。飛航系統是由全球約700個機場所形成的網絡。你的大腦會傳送電子與化學訊號，而飛航系統網絡則是運輸乘客（如果運氣好的話，行李也會一起來）。每個機場都有飛往**某些**其他機場的直飛班機，但不會對**每個**其他機場都有直飛班機。若是每個機場都有飛往其他每個機場的直飛班機，那麼航空運輸量每年會增加數十億個航班，整個系統會耗盡燃油、駕駛、跑道，最終崩壞。相反地，某些機場會做為樞紐，以減輕其他機場的負擔。舉例來說，從美國內布拉斯加州林肯市到義大利羅馬沒有直飛航班，因此你要先從林肯市飛到像紐澤西州紐瓦克國際機場這樣的樞紐機場，再跳上從這裡到羅馬的第二條長程航班。你甚至有可能在旅途中經

過兩個樞紐機場，搭乘了三個航班。樞紐系統具有彈性也可擴充，它形成了國際旅行的骨架。讓全球所有機場都能加入，即使多數機場都著重在區域航班上。

人類大腦網絡以極為類似的方式來架構。神經元會聚集成神經集團像機場那般。神經叢中多數進出的連線都是區域性的，所以神經集團的主要功用就像機場那般是區域性的交流。除此之外，還會有些神經叢擔當交通樞紐。它們與許多其他神經集團密集連線，它們的某些軸突還會跨到大腦遠端進行長距離的連線。大腦的神經樞紐就跟飛航的樞紐機場一樣，可以讓複雜的系統有效運作。它們讓多數神經元都可以參與整體性活動，即便多數神經元都著重在區域性的活動上。樞紐形成遍布整個大腦的交流骨架。

樞紐是極為關鍵的基礎設施。當像紐瓦克或倫敦希斯洛這樣的主要樞紐機場出了問題，所造成的航班延誤與取消會波及全世界。所以可以想見當大腦樞紐出了問題時會是什麼樣的情況。與大腦樞紐損傷相關的病症計有憂鬱症、思覺失調症、閱讀障礙、慢性疼痛、失智症、帕金森氏症與其他疾病等等。樞紐是容易損傷的點，因為它們亦是效率極高的點，它們讓大腦在人體中能以不耗盡身體預算的方式來運作。

你可以感謝天擇選出這種精實強大的樞紐結構。科學家推測，神經在演化的過程中之所以會組成這樣的網絡，

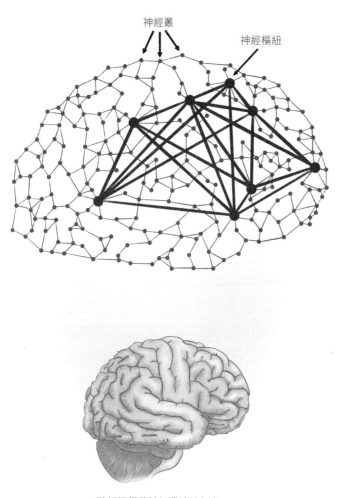

神經叢

神經樞紐

神經樞紐將神經叢連結起來。

是因為這既強大又快速並具有高效能，還小得可以塞進腦袋中。

大腦網絡不是靜止的，它會持續變化，有些變化極為快速。你的大腦連線沐浴在化學物質中，這些化學物質讓神經元的區域連結得以完整。像穀氨酸、血清素與多巴胺這類化學物質就是所謂的神經傳導物質，它們可以讓訊號在突觸間傳遞起來變得更容易或是更困難。它們就像是機場工作人員（票務人員、保全人員與地勤人員）可以加速或減緩機場乘客的流動，若是沒有這些人員，我們根本無法旅行。這些網絡變化在瞬間不斷發生，即使你的大腦結構幾乎沒有改變。除此之外，血清素與多巴胺之類的一些化學物質，也可以作用在**其他神經傳導物質**上，加速或減緩它們的作用。當大腦化學物質以這樣的方式作用，我們可以稱之為神經調節物質。它們就跟兩地機場間的天氣一樣：晴空萬里時，飛機可以快速飛行；風暴來襲時，飛機就停飛或繞道。神經調節物質與神經傳導物質共同讓大腦的單一結構可以承擔起幾百萬兆的不同活動模式。

其他網絡變化相對緩慢。就像機場會增建或整修航廈，人類大腦也是持續在施工中。在大腦某部分中，會有神經元死亡，也有神經元再生。龐大的連線數量可能會變得多一些或少一點，當神經元一同活化時，連線會變得更強大，而當神經元不這麼做時，連線就會變弱。這些改變

就是科學家稱為**神經可塑性**的例子，終你一生，它們會不斷發生。每當你學到一些東西，像是新朋友的名字或是新聞中的趣事，這份體驗就會編碼進入你的連線中，讓你記住，經過一段時間，這些編碼就會改變連線。

你的網絡也以另一種方式產生動態變化。當神經元換了對話伙伴時，單一神經元就可以扮演不同的角色。舉例來說，人類的視覺能力與大腦枕葉皮質區緊緊相關，這個區域通常被稱為視覺皮質區[6]。不過，此區的神經元向來還會處理聽覺與觸覺資訊。事實上，若蒙上人們的雙眼[7]，讓他們看不見幾天，並教導他們閱讀點字書，他們的視覺皮質神經元會在觸覺上變得更投入。卸下眼罩，這個效果會在24小時後消失。同樣地，當新生兒罹患嚴重白內障時，他的大腦接受不到視覺訊號，位於視覺皮質區的神經元就會轉而應用到其他感官上。

有些大腦神經元在連線上極具彈性，所以它們的主要工作就是多工運作。著名的前額皮質區裡有個部分就是其中一例，此區稱為背內側前額皮質（dorsomedial prefrontal cortex）。此腦區一直都負責編列身體預算，但它時常會涉入的部分還有：記憶、情緒、知覺、決策、疼痛、道德判斷、想像、語言、同理心等等。

整體來說，沒有任何一個神經元只負責單一心理功能，不過一個神經元對某些功能的貢獻**很有可能**要大於其

他功能。即使科學家將某個大腦區以「視覺皮質」或「語言網絡」之類的名稱來命名，那個名稱不過就是反應出科學家當時所關注的功能，而非只有此大腦區域才能執行的功能。我並不是說，每一個神經元都是全能的，但任何一個神經元可以做的事情都**不只一件**，就像一間機場可以啟動航班、販售機票，以及提供糟糕的食物等等。

　　同樣地，不同的神經元組也可以產生同樣的結果。你可以馬上試試看：伸手去拿你面前像是手機或巧克力棒之類的東西，然後縮回再伸手照做一次。即使像這樣簡單的伸手動作，只要多執行幾次，就可以由不同的神經元組來引導。這個現象稱為**簡併（degeneracy）**。

　　科學家推測所有生物系統都有簡併現象。舉例來說，在遺傳學中，相同的眼睛顏色可由不同的基因組合產生。你的嗅覺及免疫系統也會以簡併的方式來運作。交通運輸系統也有簡併現象。你從倫敦飛往羅馬，可以搭乘來自不同航空公司、不同航班與不同機型的飛機，也可以坐在飛機上的不同位置由不同的機組人員服務。副駕駛也可以接手駕駛的工作。大腦的簡併現象代表你的行動與體驗可以運用多種方式來創造。舉例來說，當你感到害怕時，你的大腦可能是經由各種不同的神經元組來建構出這個感覺。

　　我們現在已經知道，了解大腦是個網絡是多麼有幫助的一件事。運用這樣的觀點，我們可以捕捉到大腦的動態

行為：緩慢的變化來自神經可塑性，快速的變化則來自神經傳導物質、神經調節物質與神經元可以多工運作的彈性。

網絡結構還擁有另一個優勢。它為大腦提供了創造人類心智的關鍵特性。這個特性稱為**複雜度**。這是大腦將自己配置成**眾多不同神經模式**的能力。

一般來說，一個具有複雜度的系統是由許多相互作用的部分所組成，這些部分共同合作並協調創造出多種行動模式。全球飛航系統就具有複雜度，因為它的組成部分（票務人員、飛航交通管制人員、駕駛、飛機、地勤人員等等……）彼此依賴，才能運作整個系統的功能。一個複雜系統的行為比其組成部分的總合還要來得多。

複雜度讓大腦可以彈性應付各式各樣的情況。它打開了一扇門，讓我們可以抽象思考、可以有豐富的語言、可以想像與現在非常不同的未來，並具有可以建造飛機、吊橋及掃地機器人的創造力與創新性。複雜度也協助我們思考超出周遭環境的整個世界，甚至是外太空，並讓我們對過去與未來的關心程度遠超越其他動物。但只有複雜度並無法賦予我們這些能力，還有許多其他動物也具有複雜的大腦。不過複雜度是這些能力的關鍵原料，而人類大腦就具有大量的複雜度。

就大腦而言，是什麼構成了複雜度呢？想像有數十億個神經元在神經傳導物質、神經調節物質與其他多樣動態

配件的協助下，正一次性地向其他特定神經元傳送訊號流。這整個場景就是一種大腦活動「模式」。複雜度代表你的大腦將過去舊有模式的零碎片斷重組後，可以創造出大量的不同模式。結果就是，大腦可以回想起在過去具有幫助的舊模式以及產生新模式來進行嘗試，並以這樣的方式在持續不斷變化的世界中，讓自己的身體高效率地運作。

一個系統具有多少複雜度[8]，取決於它在重組自己時有多少資訊可以運用。全球飛航系統在這方面就具有高複雜度。乘客幾乎可以經由不同的航班組合飛到世界上的任何地方。若有新機場啟用，這套系統會重新配套以將新機場納入其中。若有某個機場受到龍捲風侵襲，航班會暫時中斷，但最終飛機可以繞道來解決這個問題。相反地，一個複雜度低的機場就無法自我重組。若飛航系統只有低複雜度，像是每條航線只有一架班機或所有航班只進出單一個樞紐機場時，只要樞紐機場出了問題，整個航空系統就會停擺。

我們可以經由思考兩個假想人類大腦來探索複雜度的高低差異，這兩個假想大腦比起真的人類大腦要來得簡單些。第一個假想大腦跟人類大腦一樣，大約具有1280億個神經元，不過每個神經元都與其他每一個神經元相連。當一個神經元接收到一個改變其活化速率的訊號時，所有其他神經元最終都會產生同樣的改變，因為它們全都相連在

一起。我們稱這為肉餅腦[9]，因為它的結構具有一致性。就
功能性來說，肉餅腦的複雜度比人類大腦要來得低，因為
無論在什麼時間點，它的1280億個元件實際上就像單一元
件那般作用。

　　第二個假想大腦也有1280億個神經元，但它是由具有
特定功能的拼圖碎片所組成，這些功能包括視覺、聽覺、
嗅覺、味覺、觸覺、思考、感覺等等，這個大腦類似19世
紀顱相學家所想像的大腦。就像那種共用的特殊工具組合
一樣，所以我們稱之為瑞士刀腦[10]。瑞士刀腦比肉餅腦的
複雜度高，但還是比人類大腦的複雜度低了許多，因為瑞
士刀腦的每樣工具對於這個大腦的總模式數量沒有什麼貢
獻。一把有著14種工具的瑞士刀[11]，開啟模式大約可以有
16000種（精確來說就是 2^{14}），再加入第15種工具，開啟模
式就只是再多一倍而已。不過你的大腦神經元因為具有多
元功能，因此模式的數量會呈現幾何級數的增加。若你有
一把內有14種工具的瑞士刀，而每個工具都多一項附加功
能，像是刀片可以當作開瓶器、螺絲起子可以打洞等等，
那麼模式的總數量就會從16000種（ 2^{14} ）增加到400萬種
（ 3^{14} ）。換句話說，當現有大腦部位變得更加靈活時，所造
成的複雜度會比新大腦部位加總起來的還要**多上許多**。

　　肉餅腦與瑞士刀腦都有一些優點，但具有高複雜度的
大腦遠勝這兩種大腦。

具有高複雜度的大腦可以記住較多事物。大腦並非使用電腦儲存檔案的方式來儲存記憶，而是因應電位訊號與化學物質的指令來重新建構記憶。我們稱此過程為**記起**（remembering），但其實這是**組裝**（assembling）。一個複雜大腦可組裝的記憶遠超過肉餅腦或瑞士刀腦所能及。而且每一次記起同樣的事情時，大腦會用不同的神經元組來組裝記憶。這就是簡併現象。

大腦的高複雜度也更具有創造力。一個複雜的大腦可以將過去經驗與新方法結合，以處理過去從未遇過之事，舉例來說，你爬著不熟悉的山坡或樓梯也不會跌倒，因為你過去曾經爬過類似的東西。複雜大腦能快速適應需要編列不同身體預算的環境變化。這是人類可以在多樣的氣候與社會結構中成功生存的原因之一。若你必須從赤道搬遷到北歐，或是從悠閒自在的地區搬遷到規範嚴謹的地區，腦袋裡有個複雜的大腦會讓你更快適應環境。

不只如此，高複雜度還可以讓大腦面對損傷時更具有恢復力。若是一組神經元受損，其他神經元可能就會取而代之。這也是複雜大腦可能受到天擇青睞的一個原因。瑞士刀腦就沒有這樣的能力，因為喪失了神經元就幾乎等同於喪失了功能。

人類大腦或許是地球上最複雜的大腦之一，但絕非唯一具有高複雜度的大腦。擁有不同大腦結構的不同物種皆

已展現出許多智慧行為。以章魚為例，牠的複雜大腦遍布整個身體，章魚可以解謎甚至拆下水族館魚缸的蓋子。鳥類的大腦也很複雜，有些鳥類會使用簡單的工具，並擁有些微溝通能力，即使牠們的神經元並沒有形成大腦皮質。高度複雜的人類大腦並非就是演化的顛峰，請記住：它就只是在我們居住的環境中適應良好而已。

　　高複雜度或許是讓我們得以成為人類的先決條件，但只靠複雜度並無法讓人類大腦能夠產生心智。舊石器時代的祖先撿起一塊石頭，並能想像石頭將來可以做成斧頭，這所需的不只是一個高複雜度的大腦而已。同樣地，當你看著全然不同的一張紙、一塊金屬與一片塑膠，卻能以類似的方式運用它們時（例如當成貨幣），你所需的也不只是高複雜度的大腦而已。高複雜度能協助你爬上不熟悉的樓梯，但要了解某人爬上社會階級取得權力及影響力到底代表什麼意思，你還需要比高複雜度更多的東西才行。我們需要比高複雜度更多的東西，才能思索人類大腦的本質與發展出大腦究竟像什麼的創造性比喻，例如三重腦理論、系統一與系統二，以及心智器官等。這些想像的特質需要裝在大腦裡的高複雜度，也需要其他的特點，這部分將會在後續課程中學習到。

　　我之前提過，大腦網絡不是個比喻，它是今日對於大腦的最佳科學描述。它讓我們得以思考一個實體結構如何

立即重組以有效整合大量資訊。經由量化大腦的複雜度，它揭開了各種大腦之間的異同。甚至幫助我們了解大腦在受損時如何進行代償。

我還是會仰賴一些比喻來解釋這個網絡。舉例來說，**連線**這個詞就是個比喻。神經元並非真的連在一起[12]，它們是分開的，彼此之間有我們稱為突觸的小間隙，大腦網絡是靠化學物質完成連線。神經元也不是有枝幹的樹，而你的大腦也幾乎不可能內建機場。

比喻是以簡單熟悉用語解釋複雜主題的美妙方法。不過若是人們將比喻就當成解釋，那麼比喻的簡單性就成了最大的敗筆。舉例來說，在生物學中，基因有時會被描述成「藍圖」。若你把這個比喻當真，你可能會認為特定基因必定有一樣的基本功能，像是形成某種特徵或身體部位，但它們不是這樣的。還有，物理學家有時會說光線像波動那般傳送[13]，這個比喻讓我們會假設太空就像海洋一樣，具有某些讓這些波動可以傳送的物質，但其實並沒有。比喻提供知識的假象，所以必須小心使用。

人類腦袋裡的複雜網絡或許不是種比喻，但我在這裡的描述還不夠完整。人類大腦不只有神經元而已，它還包括了血管與各種我尚未提到的體液，以及其他種類的大腦細胞，也就是所謂的神經膠質細胞，目前科學家尚未完全了解這種細胞的作用方式。讓人更驚奇的還有，人類大腦

（神經）網絡甚至可能擴展到腸道，因為科學家在那裡發現了可藉神經傳導物質與大腦交流的微生物。

　　隨著科學家對大腦與其內部連結了解得越多，我們就能發現描述大腦結構與功能的更佳方式。在此之前，將大腦解釋成複雜的網絡，讓我們不需要那個據說擁有理性且十分巨大的新皮質，就能去思索人類大腦如何創造心智。若說人類大腦在演化上有取得一項最高成就，那這項成就非複雜度莫屬了。

第三堂課

幼兒大腦將自己與
世界連線

　　你是否曾注意到，有許多剛出生的動物寶寶都要比人類新生兒來得更能適應環境[1]？剛出生的過山刀蛇幾乎馬上就能自己爬行，馬寶寶在出生不久後就能行走，而黑猩猩寶寶則可以緊抓著媽媽的毛髮不放。相較之下，人類幼兒顯得可憐許多，他們甚至無法控制自己的四肢，要花幾個星期的時間，他們才能有意識地拍打自己的小手。許多動物從蛋殼或子宮出生後，就擁有連線完整可以控制身體的大腦，但人類幼兒的大腦出生後仍在建構中。直到這些小腦袋完成重要連線才會擁有完整的成人大腦結構與功能，這個過程大約需要花費25年的時間。

　　為什麼人類會演化成出生時大腦只有完成部分連線呢？沒有人確切知道，不過有許多科學家樂於推測原因。

我們**可以了解**的是，出生之後那些連線指示打哪裡來，以及這樣的安排對我們有什麼好處。

專家學者通常從先天及後天的角度來探討這個議題，也就是人性的哪些面向是出生前就內建在基因中的，哪些又是從文化中學習到的。但這樣的區分並不實際。我們無法將原因單純歸咎到基因或是環境上，因為這兩者就像是難分難捨的戀人，彼此糾纏不清，以至於分別給予它們兩個不同的名字（像是**先天**與**後天**）根本無濟於事。

嬰兒基因在很大程度上受到周遭環境的引導與調節。舉例來說，寶寶出生後，只有視網膜經常受到光線照射，與視覺最為相關的大腦區域才會發展。還有嬰兒大腦得靠著嬰兒耳朵的特別形狀，才能學習定位出環境中的聲音來源。更奇怪的是，嬰兒身體還需要一些從外部世界偷溜進來的額外基因。這些小小的旅客躲在細菌或其他生物中溜進來，而科學家們才剛剛開始去了解它們影響大腦的方式。

嬰兒的連線指示不只來自實體環境，也來自社會環境中像你我這樣的照顧者與人們。當你將一個新生女嬰抱在懷中時，你的臉出現在她眼前的距離正好可以教導她的大腦處理與辨識臉孔。當你將她放在嬰兒床及房間中，就是在訓練她的視覺系統去看邊邊角角。我們對嬰兒所做的其他社會行為，像是在關鍵時刻的擁抱、談話與眼神交會，都以必要且無可改變的方式形塑她的大腦。基因在建構嬰

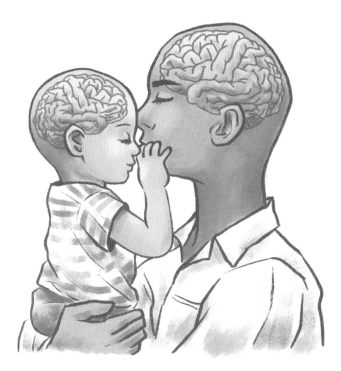

照顧者在嬰兒大腦的連線上扮演關鍵角色。

兒大腦連線上扮演關鍵角色，它們也打開了一扇門，讓我們可以將嬰兒大腦與人類的文化脈絡接上線。

　　隨著資訊從世界進入新生兒大腦，有部分神經元會比其他神經元更常一起活化，造成大腦逐漸產生變化，這就是所謂的神經可塑性。這些改變促使嬰兒大腦經由兩種程

序往更複雜的方向發展,這兩種程序即為**調校(tuning)**與
修葺(pruning)。

調校代表強化神經元間的連結,特別是經常使用的連
結或在編列身體預算(水、鹽、葡萄糖等等)上重要的連
結。若我們將神經元再次想像成小樹,調校代表讓樹枝般的
樹突變得更為茂密。這也代表讓樹幹般的軸突長出一層較厚
的髓鞘,這是一層由脂肪形成的「樹皮」,就像是包覆電線
的絕緣皮一樣,能讓訊號傳遞更為快速。比起幾乎沒有調校
過的連結,調校良好的連結可以更有效地攜帶與處理資訊,
因此更能在未來中被再度使用。這意味著大腦很有可能會重
建包括調校良好連結在內的某些特定神經模式。神經科學家
總愛說:「一起活化的神經元會連成一氣[2]。」

在此同時,較少使用的連結會弱化並一一死去。這個
程序就是**修葺**,等同於神經系統中「若你不使用就會失去」
之意。修葺是成長大腦的關鍵要素,因為新生兒出生時有
著太多的連結,比他們最終會使用的還要多上許多。人類
胚胎創造出的神經元有成人大腦所需的兩倍之多,所以嬰
兒大腦神經元要比成人大腦神經元來得茂密許多。未使用
的連結在一開始是很有幫助的,它們讓大腦能夠自我調整
以適應各種環境。但長期來看,未使用的連結是個負擔,
從新陳代謝的角度來看,它們沒貢獻任何有價值的東西,
卻要花費大腦的能量來維持。好消息是修葺過多的連結可

以為學習提供更多的空間，也就是可以調校出更多有用的連結。

調校與修葺持續發生，而且時常同時發生，這兩者都由嬰兒腦袋外的實體世界與社會世界所驅動，也由嬰兒身體的成長與活動所驅動。這兩個程序終生運作。你的茂密樹突持續長出新芽，而你的大腦就會調校與修葺它們。未被調校的新芽會在幾天內消失。

想要知道在新生兒大腦發展成為一般成人大腦的過程中，是如何進行調校與修葺的，就讓我們來看看三個例子。這三個例子會讓我們了解到，未完成的連線如何被外部世界傳來的連線指示所驅動，好在出生後的數個月及數年間完成連線。

首先，想想你是如何編列你的身體預算的。當你感到飢餓時，你會打開冰箱。當你覺得疲累時，你會上床睡覺。當你發冷時，你會加件外套。當你感到煩躁時，你會深呼吸穩定神經。嬰兒自己沒辦法做出上述任何一件事。他們甚至無法在沒有協助的情況下打嗝。

這就是需要照顧者的地方。照顧者經由餵食、調整睡眠時間（或試著調整啦！）以及用毯子包起並擁入懷中，來調整嬰兒的實體環境，也因此調整了嬰兒的身體預算。這些動作幫助嬰兒大腦維持住自己的身體預算，好讓嬰兒的內部系統可以有效運作，讓她健康地活著。

　　若是照顧者能有效執行這些動作，嬰兒大腦就有空可以進行自我調校與修葺，以執行更健康的身體預算。就這樣一點一滴地，隨著嬰兒大腦變得更能控制自己的身體、嬰兒無須被抱著就能自行睡著或是自己放一小塊香蕉進嘴巴不會再擦過自己的臉時，照顧者的重要性就逐漸降低了。這小小的腦袋可能要花上好幾年才能自己穿件毛衣，或是自己弄份早餐，但她終將一肩扛起自己的身體預算。

　　照顧者**不去做**的事也會影響小小的腦袋的連線情況。若你不讓嬰兒自己睡並每晚抱著她睡，她的大腦就不會學到在沒有幫助的情況下自行入睡。當嬰兒長時間哭泣而你卻沒有隨時看照時，她的大腦可能就會學到這個世界是不可靠也不安全的，那麼她的身體預算就會無所依靠。

　　不過，一旦她開始學走路，情況就會改變。學步兒的大腦必須學習在發脾氣後讓自己的身體平靜下來，而且最終要避免一開始就發脾氣以達成身體預算。我女兒還小時，我發現給她一些空間有助於她的大腦學習如何安撫自己的身體。一般來說，當照顧者會創造學習機會而非隨時照顧每項需求時，學步兒會學習養成更好的身體預算。身為父母的最大挑戰就是要知道什麼時候該插手，什麼時候又該放手。

　　第二個調校與修葺的例子是關於你如何學習專注。你是否曾經有過身處人群中，沒有真正參與身旁的談話，然

後有個人叫了你的名字，你就能馬上轉頭至聲音的來源？
（科學家稱之為「雞尾酒會效應」〔cocktail party effect〕。）
成人大腦可以毫不費力地專注在一件事上並忽略其他事
物，就像是黑暗中的聚光燈那般。這是因為大腦網絡包含
了較小的神經元組，它們的主要工作就是忽略其他無關的
細節，只專注在某些重要的細節上。你的大腦會自動且持
續地將專注力聚焦在某些地方，而且你通常不會注意到這
件事。

　　我們有時會需要幫助才能聚精會神，這也是為什麼抗
噪耳機銷量極佳的原因。但新生兒大腦還沒有這種專注的
聚光燈。他們擁有的比較像是個燈籠[3]，會在實體環境中照
亮廣大的區域。新生兒大腦不知道什麼是重要的、什麼是
不重要的，所以他們無法像成人那樣聚精會神。他們還缺
少能將燈籠轉變成聚光燈的連線。

　　這個缺少的材料再次來自社會世界的照顧者身上。照
顧者會持續引導嬰兒去注意有趣的東西。一位媽媽拿起一
隻玩具狗並看著它。她看看小嬰兒，再看看小狗，引導嬰
兒的視線去看狗。她刻意轉身對她的孩子哼唱著：「多麼可
愛的小狗」。媽媽的話語與來回轉換的視線，就是科學家所
謂的分享式注意力（sharing attention），提醒嬰兒去注意那
隻玩具狗。這表示，玩具狗會影響嬰兒的身體預算，所以
他應該要關心並去了解這隻狗。

分享式注意力一點一滴地教導嬰兒，環境中的哪些部分是重要的，哪些又是不重要的。然後嬰兒大腦就能建構出自己環境中的哪些東西與自己的身體預算有相關，哪些又是可以忽略的。科學家稱這種環境為**生態區位**（**niche**）。每個動物都有一個生態區位，當牠感受到世界、採取值得的行動與調節自己的身體預算時，牠就創造出那個生態區位。成人有巨大的生態區位，可能是所有生物中最大的。你的生態區位不僅僅是你的周遭環境，還包括了全球各地在過去、現在與未來發生的事件。

經過數個月跟著照顧者練習分享式注意力，嬰兒將學會去引發照顧者的分享式注意力。嬰兒會以某種方式看著照顧者，像是在問某個東西是否在他的生態區位中，以及這個東西對他的身體預算有什麼意義。嬰兒以這種方式學會了將注意力更有效地聚焦在重要的事情上。

調校與修葺的第三個例子則是關於你的感官如何發展。在生命的前幾個月中，嬰兒浸浴在各類聲音中，其中也包括人類話語聲。新生兒以如燈籠般的注意力將周遭的所有聲音聽進腦袋中。根據實驗室中所做的測試，新生兒可以分辨廣大範圍的各種語言，包括那些他們不常聽到的語言。但隨著時間過去，調校與修葺將會依據嬰兒較常聽到的聲音來對大腦進行連線。時常聽到的聲音會讓某些神經連線受到調校，嬰兒大腦會開始將那些聲音視做生態區

位的一部分。較少聽到的聲音則會被視為噪音而忽略掉，最終相關的神經連結會停止使用並修葺掉。

　　科學家認為，這種修葺或許是孩童比成人更容易學習語言的一項原因。不同語言使用不同的聲音組合，舉例來說，希臘語與西班牙語有少數母音，而丹麥語則有20個以上的母音（確切有幾個取決於他們的計算方式）。若你還是嬰兒時，人們以多種語言與你交流，那麼你的大腦可能在經調校與修葺後，就能夠聽懂與分辨那些語言。若你小時候只聽到一種語言，那麼對於你母語之外的語言，你就必須重新學習可以聽懂與分辨別種語言的能力，這很困難。

　　認識臉孔也是類似的過程。你還是個嬰兒時，你學會認得周遭的人。嬰兒大腦經調校與修葺後，能夠偵測出人臉的細微差異，讓他能分辨出不同的人。但這裡有個問題，人們傾向於跟同種族的人住在一塊，所以嬰兒通常不會接觸到各式各樣的臉部特徵。這意味著嬰兒的大腦不會調校到可以偵測那些特徵差異。科學家相信這是為何人們難以記得其他種族人士的臉孔，也難以分辨他們的差異。幸好你還可以快速重新調校大腦，經由觀看大量不同的臉孔就能重新取得這項能力。這比重新調整至能聽懂他國語言容易。

　　聽懂語言與辨認臉孔的例子都聚焦在單一感官上，但你住在一個感覺多元的世界中。舉例來說，當你親吻某

人時，你是在建立一個整合的感覺，其中結合了臉孔的樣子、呼吸的聲音、雙唇的味道感覺與氣息，以及心臟砰砰的跳動。你的大腦將這些感覺整合凝聚成一個整體。科學家稱這個過程為**感覺統合**（sensory integration）。

在嬰兒成長的過程中，感覺統合本身會進行調校與修葺。新生兒起初無法認得媽媽的臉孔，因為他還未學到臉孔是什麼，而且他的視覺系統也尚未完全成形。他可能聽得出來一點媽媽的聲音，也聞得出來母乳的氣味。如果你將新生兒放在媽媽肚子上，他會循著氣味向上蠕動到媽媽的乳房。很快地，嬰兒就學會了依循所有感覺的不同組合來認出媽媽。他的小腦袋吸收了視覺、嗅覺、聽覺、觸覺、味覺以及身體內部感覺的每一種模式，並學習到這些代表的意義：調節他身體預算的那個人就在這裡。感覺統合召喚出嬰兒的第一份信任感。它是依附神經基礎中的一部分。

上述三個有關調校與修葺的例子，說明了社會世界如何深入塑造實際存在的大腦連線。有誰會知道照顧者其實是這樣有效率的水電工呢？

不過，這樣的安排有其風險。幼兒大腦**需要**社會世界才能正常發展。你已經知道，嬰兒需要某些實質的刺激，像是需要光子實際打在視網膜上，不然他們的大腦就無法發展出正常視力。結果也顯示，嬰兒需要其他人所提供的

社會刺激，這些人會在重要時刻引導嬰兒的注意力、對著他們說話或唱歌並擁他們入懷。若這些需求沒有得到滿足，事情可能會發展得非常糟糕。

我還真希望我們不會知道，當嬰兒大腦接受太少社會刺激時會發生什麼樣的情況。任何人都不該去剝奪嬰兒的成長所需，但遺憾的是，由於歷史悲劇，我們的確知道一些讓人痛苦的細節。

在1960年代，羅馬尼亞的共產政府宣布大多數的避孕與墮胎都是非法的。總統尼古拉‧西奧塞古（Nicolae Ceau escu）想要擴充人口以成為經濟強國，然後再成為世界強權。這項新法律造成了新生兒數量大增，超過許多家庭所能負荷。結果就是數十萬的孩子被送往孤兒院生活。許多孩子遭受到慘絕人寰的虐待。其中與本堂課最為相關的孩子，就是那些社會需求沒有得到滿足的孩子。

在某些孤兒院中，孩子像貨品般被排放在一排排的嬰兒床上，他們幾乎沒有接收到任何刺激或社交互動。護士或保母會進房來餵食、更衣，並將嬰兒放回床上。她們做的就只有這麼多了。沒有人會擁這些孩子入懷，沒有人會跟他們玩耍，沒有人會跟他們交談或唱歌，也沒有人會跟他們分享注意力。這些孩子被忽略了。

由於這種社交上的忽視，這些羅馬尼亞孤兒長大後有了智力障礙。他們在學習語言上有困難。他們難以集中精

神與抗拒分心，這可能是因為沒有人與他們分享注意力，所以他們的大腦從未發展出像聚光燈般的有效連線。他們也難以控制自己。他們不只有心理與行為上的問題，身體也發育不良，造成這種情況的原因很有可能是，他們長大的環境中，沒有照顧者維持他們身體預算的有效運作。這意味著他們的大腦沒有學會有效編列身體預算。幼兒大腦會將自己與環境連線，當環境中缺少健康身體預算所需的關鍵要素時，重要的大腦連線就會被修葺。

這些後續影響與科學家所了解的一致，科學家是從成長在貧窮社會中的其他孩子身上所得知。這些孩子的大腦長得比一般孩子小，關鍵大腦區域也比較小，大腦皮質重要區域裡的連線也比較少。這樣的孩子若是在生下後的頭幾年就送到正常的寄養家庭中，可以逆轉其中某些影響。若是身處的機構（無論是孤兒院、難民營或移民收容所）中沒有持續付出關心的照顧者，任何孩子都會有著類似的風險。

當幼兒受到持續的忽視，最後他們十之八九都會遭受不良影響。這份影響也許不若羅馬尼亞孤兒所受到的那般直接與急遽，但仍會在不知不覺中逐漸發生重要連線不被使用且確實被修葺掉的情況。隨著時間過去，如滴水穿石般，後果可能就會顯現。在貧窮社會環境中受到忽視的幼兒大腦，因為沒有照顧者給予的社會支持，也沒有照顧

者經由行動所提供的連線指示，只能獨自建立連線勉強處理自己身體的預算。這種不正常的連線為身體預算造成了沉重的負擔，累積多年的這些負擔後續增加了嚴重健康問題發生的機率，像是心臟病、糖尿病與情緒障礙（如憂鬱症），所有這些病症都有基礎代謝上的問題。

這裡要說清楚的是，我並不是說我們必須讓幼兒完全沒有壓力，否則他們的大腦及身體就會壞掉。我的意思是**持續性的**忽視，也就是長期無止境的忽視，幾乎都會對幼兒大腦造成傷害。在這點上確實有明確的科學證據。你不能只是給嬰兒吃喝，就期待他們的大腦會正常發展，你必須滿足他們眼神交會、語言及觸摸等等的社會需求。若是這些需求沒有得到滿足，可能在非常非常早期就會種下疾病的種子了。

成長在貧窮環境中的嬰兒大腦讓我們看到類似的結果。研究結果顯示，早年長期處在貧窮環境對發展中的大腦有害。營養不足、街上噪音造成的睡眠中斷、缺乏暖氣或通風設備所造成的體溫調節不良以及其他貧窮狀態，可能會改變前額皮質的發展。這個大腦區域涉及了一系列重要的功能，包括了注意力、語言與編列身體預算。

科學家還在研究貧窮如何影響大腦發展，但我們已經知道這與學業表現不佳及受教育年限較短有相關。貧窮孩子在長大並擁有自己的小孩後，這些負擔最終會增加他們

仍然身處貧窮的風險。若說這種循環強化了我們對貧窮人士的刻板印象，我想這一點也不讓人感到驚訝。當貧窮在某群人士裡世代相傳時，社會很快就會將其歸咎到基因的問題上。但其實合理的推論應該是「塑造那些幼兒大腦的**是貧窮**」。

有些孩子很幸運地天生就擁有可以對抗逆境與貧窮險惡影響的心理韌性。但一般來說，逆境與貧窮是幼兒大腦難以復原的痛苦。讓人真正沮喪的是，這場悲劇是**可以避免的**。（不好意思，我在這裡要脫下科學家的帽子表達一下敬意，因為政治人物們數十年來不遺餘力地要將兒童拉出貧窮環境。但我們這裡不考慮政治因素。）若以簡單的金融用語來描述這個議題，就是：貧窮童年是人類潛力的碩大浪費。最近的估算顯示，消除貧窮比除去它幾十年的後續影響還來得便宜許多[4]。有越來越多的學區為有需要的學生提供免費用餐計畫，也有城市為貧窮的社區制定噪音法規。這些作法不只與生活品質有關，它們還創造出能讓大腦健康發展的環境，好讓所有孩子都能好好成為下個世代的勞工、市民與創新發明家。

有鑑於忽視與貧窮對幼兒大腦的強大影響，必定有人會很想提出一個問題：演化最初是如何讓我們人類陷入這種不穩定的危險情況？幼兒大腦的連線若要正常發展，幾乎都取決在社會與實體刺激上，這是非常有風險的。我

們人類必定有獲得某項優勢，好抵消以這種方式成長的風險。那究竟是什麼樣的優勢呢？

我們無法確定，但我根據演化生物學與人類學上的證據來猜測：這樣的安排協助人類的文化與社會知識能有效地代代相傳。每個幼兒大腦都在自己成長的特定環境中獲得最佳化。照顧者看照幼兒的實體與社會生態區位，而幼兒大腦也學習到這個生態區位。當幼兒長大後，他會經由言語與行動接續連線下一代的大腦，將文化傳給下一代，確保這個生態區位永遠長存。這個過程就是所謂的文化傳承，是個有效且省力的方式，因為演化無須將我們所有的連線指示都編碼入基因中。這將許多工作都轉移到我們周遭的世界上，其中也包括了生活在世界上的其他人們。我們在不知不覺中將文化知識（無論好壞）與出生的下一代進行連線。

當我們談到大腦時，像先天與後天這種簡單的區分方式很吸引人但不實際。我們有著那種**需要**後天滋養的先天特質。人類基因需要現實與社會環境，也就是一個充滿其他人的生態區位，那些人會與嬰兒分享他們看到的東西、會刻意與嬰兒說話、會設定嬰兒的睡眠時間，並留意嬰兒的體溫，這全都是為了產生完好的大腦。

我們都知道，對待孩子的方式很重要，但甚至在幾十年前，這件事就已經比我們所知的還要重要了。當你在凌

関 於 大 腦 的 七 又 二 分 之 一 堂 課

晨四點起床安撫尖叫的小天使,或是他靜靜地把麥片丟到
地上第93次時,無論你知道與否,你都在引導他進行調校
與修葺。幼兒大腦將自己與世界連線。而這得仰賴我們創
造世界,其中也包括有著許多連線指示的社會世界,好讓
這些大腦健全地成長。

第四堂課

大腦（幾乎）可以預測你所做的每一件事

幾年前我收到一位男士的來信，他於1970年代在非洲南部羅德西亞（Rhodesian）的軍隊服役[1]，那時種族隔離政策尚未結束。他受到徵召入伍，被迫違背自己的意願，接下制服與步槍，受命去追捕游擊隊。更糟糕的是，在被徵召之前，他是那支游擊隊的支持者，而現在卻得把他們當作敵人。

有天早晨，他與一小隊士兵在森林深處進行演練，那時他發現前方有動靜。他懷著沉重的心情，看見一長排身穿迷彩服且帶著機槍的游擊隊。他本能地舉起步槍，打開安全鎖，瞇眼沿著槍管瞄準那位帶著AK-47突擊步槍的領頭者。

突然之間，他感覺到有隻手搭上他的肩膀。「別開槍，」

他身後的夥伴說：「那只是個男孩。」他緩緩放下步槍，再看看前方，為自己所見感到驚訝，那只是一個大約10歲的男孩領著一長排的牛群，而那支AK-47突擊步槍，不過就只是根趕牛的棍子罷了。

接下來的幾年間，這位男士努力地想要搞清楚那個令他不安的事件。他怎麼會誤看了眼前的情況，險些殺死一個孩子？他的大腦究竟出了什麼問題？

結果顯示，他的大腦一點問題也沒有，完全就是按照應有的方式運作。

科學家過去相信，大腦的視覺系統像照相機那般運作，偵測「外在」世界的視覺資訊，然後在心智中建構出像照片那樣的意象。今日我們對此的了解更多了。你看到的世界其實不像照片那樣，它是由大腦所建構出的，而且這個建構出來的東西是如此流暢且令人信服，以致我們會覺得這是精準無誤的寫實呈現。但有時並非如此。

要了解為何將一個手拿棍子的孩子看成手持步槍的成人游擊隊員是很正常的一件事，我們得從大腦的觀點來思考情況。

從你出生的那一刻起到你停止呼吸的那一刻為止，你的大腦一直被塞在黑暗無聲的頭骨中。大腦日復一日地持續從眼睛、耳朵、鼻子與其他感官接收外在世界的感覺資訊。這些資訊不會以我們多數體驗到的視覺、嗅覺、聽覺

與其他感覺等有意義的形式出現。它只是由沒有內在意義的光波、化學物質與氣壓變化所形成的彈幕而已。

面對這些感覺資訊的模糊片段[2]，你的大腦必須想辦法弄清楚下一步該怎麼做。請記住，大腦最重要的工作是控管你的身體，讓你能好好存活下去。對於突然湧入的感覺資訊，大腦必須想辦法賦予意義，這樣你才不會摔下樓梯或成為某些野生動物的午餐。

大腦如何解讀這些感覺資訊，以便知道要如何進行下一步呢？如果大腦只有即時呈現的模糊資訊，那你就得在不確定的大海中拚命亂游，直到你想出最佳反應方式為止。幸好大腦有著可用的額外資訊來源：記憶。你的大腦可以汲取你人生中的過去經驗，也就是你個人發生過的事情，以及你從朋友、老師、書籍、影片與其他來源學習到的事物。隨著神經元在千變萬化的複雜網絡中來回傳送電化學訊號，大腦在轉瞬間就會重建過去經驗的零碎片段。大腦將這些片段組成記憶[3]，以推論出這些感覺資訊的意義，並猜測該如何處理。

你過去的經驗不只包括你周遭世界所發生的事情，也包括你身體所發生的一切。你的心臟跳太快？你喘不過氣來？你的大腦好像時時刻刻都在問自己：我上次遇過類似情境，那時我的身體發生類似的情況，所以我接下來做了什麼呢？你不需要完全符合情境的答案，只要類似到足以

給予大腦制定適當行動計畫，以協助你生存甚至茁壯即可。

　　這解釋了大腦如何計畫身體的下一步行動。你的大腦如何從外部世界的原始資訊中找出像是森林游擊隊的這種高度寫實經驗呢？它又如何從劇烈心跳中產生恐懼感呢？經由詢問自己，你的大腦再一次地從記憶中重建過去經驗：我上次遇過類似情境，那時我的身體發生類似情況且正準備要採取某個行動，所以我接下來做了什麼？我又出現了什麼樣的感覺呢？這個答案變成了你的經驗。換句話說，大腦整合了腦袋**內外**的資訊，以產生你看見、聽見、聞到、嘗到與感受到的每一件事物。

　　記憶是你所見所聞的關鍵成分，以下就有個簡單範例。請看看下一頁的3幅由線條所構成的圖。

　　你察覺不到，在你腦袋中有數十億的神經元正試著賦予這些點線某些意義。大腦正在搜尋你一生中的過去經驗，一次做出數千種猜測，衡量發生機率，以試著回答這個問題：**這些光波到底像什麼？**這一切都發生在彈指之間。

　　那麼，你看到了什麼？一堆黑線與一些黑點？讓我們來看看，若給你的大腦多一點資訊，會發生什麼樣的情況。請翻到附錄182頁，看看**線條圖**[4]項目下的文字，再回頭來看看這3幅圖。

　　你現在看到的不會只是點及線，而是熟悉的東西了。大腦從過去經驗中的零碎片段組成記憶，超越了你眼前的

你看到什麼？

摘錄自羅格·普萊斯（Roger Price）著作《終極特路圖手冊》（*The Ultimate Droodles Compendium*）

視覺資訊並賦予其意義。在這個過程中，大腦確實改變了
自身神經元的活化情況。你可能從未見過的東西，現在映
入你眼簾中。那些點線並沒有改變，而是你改變了。

　　就是因為人類大腦可以建構自己體驗的東西，藝術作
品（特別是抽象藝術作品）才得以出現。當你看到畢卡索
的立體派畫作，並從中辨視出人的模樣時，就是因為你有
人模樣的記憶，幫助你的大腦看懂抽象元素，所以才能辨
識出來。畫家馬塞爾・杜尚（Marcel Duchamp）曾經說過，
藝術家只創造 50%的藝術。剩下的50%是在觀看者的大
腦中。（有些藝術家及哲學家稱這50%為「觀看者的部分」
〔the beholder's share〕[5]）

　　你的大腦積極建構你的經驗。每天早上你起床時，
就會感受到周遭世界滿滿的感覺。你可能會感覺到床單貼
著皮膚；你可能會聽到喚你起床的聲音，像是鬧鐘聲、鳥
鳴聲或是另一半的打呼聲；你或許還會聞到沖泡咖啡的香
氣。這些感覺直直進入你的腦袋中，就好像你的眼睛、耳
朵、鼻子、嘴巴與皮膚是立在世界上的透明窗戶那般。不
過你不是因為感覺器官而有了感受，你是因為大腦所以有
了感受。

　　你所看見的是世界上存在之物與大腦所建構之物的某
種組合。你所聽到的也是世界上存在之物與大腦所建構之
物的某種組合，其他的感覺也是一樣。

　　大腦也以幾乎同樣的方式建構人體內的感覺。你的酸痛、緊張與其他內在感覺是心、肺、腸、肌肉等內部所發生之事與你大腦中之物的某種組合。你的大腦也會從過去經驗中加入資訊，以猜測這些感覺具有什麼意義。舉例來說，當人們沒睡飽並覺得疲勞或全身無力時，他們可能會覺得餓（因為他們在全身無力之前就已經餓了），就會想要吃個簡單的點心好快速補充能量。其實他們就只是因為沒睡飽而覺得疲勞而已。這種建構出的飢餓經驗或許就是人們變胖的原因之一。

　　現在我們可以解答，為何我們的士兵朋友看到的是游擊隊，而不是趕牛的孩子。士兵的大腦在問：根據我對戰爭的認知，以及我現在與同伴們位在森林深處，手握步槍，心臟砰砰跳，然後前面有動靜，目標可能出現了，那我接下來會看到什麼呢？答案就是：**游擊隊**。這裡的情況是，他腦袋內外的東西不相符，內部的東西獲勝了。

　　在你看到牛的多數時候，你看見的是牛。但你幾乎一定有過類似那位士兵的經驗，腦袋裡的資訊戰勝了外界來的資訊。你是否曾在人群中看見朋友，但當你再定眼一瞧，卻發現那是不同的人？你是否曾覺得口袋中的手機在震動，但其實並沒有？你是否曾經在腦海中不斷播放一首歌，根本停不下來？神經科學家總愛說，你日復一日的經驗是精心控制的幻覺，這種幻覺受到世界與身體的限制，

但最終是由大腦所建構。這不是那種需要就醫的幻覺。這是那種每天都有的幻覺[6]，創造出你的所有經驗，並引導你的所有行動。這是大腦賦予感覺資訊意義的正常方式，而且你幾乎感覺不到它的運作。

我知道這樣的描述有悖常理，但請等一下，我還有更多要說。整個建構過程是以**預測**的方式進行。科學家現在相當確定，大腦在光波、化學物質與其他感覺資訊觸動大腦**之前**，其實就已經開始感受到周遭世界的時刻變化。在你體內的時刻變化也是如此，大腦在器官、荷爾蒙與各種身體系統的相關資訊到達之前，就已經開始感受到這一切。你感受不到這種方式，但這是大腦在世界中遊走並控管你身體的方式。

但是，請你不要直接就信了我的話。相反地，請想想你上次口渴喝水的情況。在喝完最後一口水後的幾秒，你可能就覺得不那麼渴了。這件事看似平常，但水其實要花20分鐘才會進入血流中，水是無法在幾秒鐘內就解了你的口渴的。那是什麼讓你解渴了呢？預測。你的大腦在計畫與執行喝水及吞嚥動作的同時，就在預測喝水後會出現什麼樣的感覺，所以才讓你在水確實作用在血液的許久之前就覺得比較不渴了。

預測將閃爍的光線轉換成為你看見的物體、將氣壓變化轉換成聽得出來的聲音，也將化學物質的軌跡轉換成為

嗅覺與味覺。預測讓你可以閱讀這頁上彎彎曲曲的符號，並理解成字母、單字與想法。預測也是為何句子沒有句尾時會讓人覺得怪怪的原因。

　　科學家握有大腦是種預測器官的線索已超過一個世紀，但直到最近，我們才看出哪些是線索。你可能聽過一位19世紀的生理學家巴甫洛夫（Ivan Pavlov），他的著名事跡就是教他的狗聽到鈴聲就流口水（雖然常被描述為鈴聲，但其實是節拍器的答答聲）。巴甫洛夫在狗吃每一頓飯前都播放聲音，最後狗只要一聽到聲音，即使還沒放飯，牠們就流口水了。巴甫洛夫在獲得諾貝爾生理醫學獎後，發現這個效應因而聲名大噪，這個效應被稱為巴甫洛夫制約或古典制約，然而他不知道自己發現到大腦如何進行預測的方式。他的狗不是因為聲音而流口水，而是牠們的大腦預測到吃東西的經驗，提前將身體準備好要去吃東西。

　　你現在就可以試試類似的實驗。在你的心中想像你喜歡的食物。（對我來說，是一小塊含海鹽的黑巧克力。）想像它的香氣、它的味道與吃在口中的感覺。你流口水了嗎？不用節拍器，我寫下這段文字就流口水了。如果神經科學家現在掃瞄我的大腦，他們可能會在味覺及嗅覺的重要大腦區域中看到活動量增加，也會在控制唾液的大腦區域看到活動量增加。

　　若是這個的實驗讓你感受到所愛食物的氣味或味道，

或是讓你流了一些口水，那你就是應用了跟自發預測完全一樣的方式，成功改變神經元的活化情況。這個過程類似於你早先看3幅點線圖所發生的情況。在這兩個例子中，我採取刻意的方式來展現大腦自然而然且自發性的作法。

實際上，預測只是發生在大腦裡的對話。一組神經元依據大腦正想到的過去與現在事件的組合，對未來即將發生之事進行最佳猜測。這些神經元向其他大腦區域的神經元宣布它們的猜測，改變了其他神經元的活化情況。在此同時，從世界與身體傳來的感覺資訊會注入對話之中，確認你是否即將在實際情況中體驗到大腦所做的預測。

大腦的預測過程其實不是這麼一直線的。大腦對於某個情況通常會有好幾種應對方式，它會做出一堆預測並估算每一個的發生機率。森林中沙沙作響的聲音是風、動物、敵方士兵還是牧牛的人發出來的？那根棕色長長的東西是樹枝、棍子還是步槍？在每時每刻裡，最終都有某個預測成為贏家。通常是最符合傳入感覺資訊的預測，但並非都是這樣。無論結果如何，獲勝的測預都會成為行動與感覺經驗。

因此，大腦發布預測並根據外界與身體傳來的感覺資訊檢查這些預測。接下來會發生的事，即使是身為神經科學家的我仍會感到吃驚。如果大腦預測正確，那神經元**已經**處在符合傳入感覺資訊的活化模式中。這意味著感覺資

訊本身除了確認大腦的預測之外，沒有更進一步的作用。你當下在世界中所看見的、所聽到的、所聞到的與所嘗到的，以及身體所感受到的，**完全都是腦中所建構好的**。大腦藉由預測，有效率地讓你準備好去行動。

我的意思是，假設那位士兵的大腦預測前方有一列游擊隊存在，而且也確實有列隊伍在那裡。從大腦的觀點來看，有隊伍就確認了預測正確，因為大腦已經建構好會看到游擊隊、聽見他們的聲音與聞到他們的氣味，並調整好身體預算，以及準備好身體要採取行動。在這個案例中，他的預測讓他準備好要舉起步槍射擊。

但實際上，那位士兵的大腦預測錯誤。它預測會有帶著機槍的一列游擊隊，而他實際上面對的是拿著棍子趕著一群牛的男孩。在這種情況下，大腦有兩項選擇。一個選項是與外界傳入的感覺資訊整合，更新預測，建構出男孩與牛的正確新經驗。這個新預測會在那位士兵的大腦中播種，改善下一次的預測。科學家給了這個選項一個別緻的名字，他們稱之為「學習」。

然而，士兵的大腦做了另一個選擇：雖然有外界的感覺訊息，他的大腦仍執著在自己的預測。會發生這種情況的原因很多，其中一個原因是，大腦預測他的生命危在旦夕。大腦的連線不是為了準確預測，而是為了讓我們活下去而建立的。

當大腦預測正確時，它為你創造現實。當大腦預測錯誤時，它還是會為你創造現實，並期望能從錯誤中學習。幸好士兵的同伴拍了一下他的肩膀，提醒他再看一次，讓他的大腦產生新的預測。

現在要提到的，是我們一般認知中的致命錯誤：我們以為，所有的預測都是在我們體驗到情況**之後**才產生。你我似乎是先感覺到後才行動。你看到敵人，然後舉起步槍。但在大腦中，感覺其實是後來才出現的那一個。大腦的連線是為了先採取行動而準備的（像是將食指移到扳機上），而且還會改變身體預算去支配這個動作。它也會安排路線將這些預算連線到感覺系統，讓感覺系統預測到指尖的冰冷金屬感以及極為快速的心跳。我們這位士兵朋友所發生的情況是，大腦聽到樹葉沙沙作響、就動手拿起槍來，引導自己看到並未出現的敵人。

是的，大腦在你知道**之前**，就會連線引發出你的動作。這很重要，畢竟在每天的生活中，你所做的很多事情都是經過選擇的，不是嗎？至少看起來是這樣。舉例來說，你選擇打開這本書，閱讀其中的文字。但大腦是個預測的器官。它會依據過去經驗與當下情況開始進行下一套行動，而你自己卻不知情。換句話說，你的行動受到記憶與環境的控制。這意味著你沒有自由意志嗎？究竟是誰要為你的行動負責？

　　自從哲學出現之後，哲學家與其他學者就對自由意志的存在有許多爭論。我們不太可能在這裡為這個爭論下定論。雖然如此，我們可以點出一個經常被忽略的謎點。

　　想一想你上次進入這種大腦自發運作的情況。你可能咬了指甲；或是你大腦到嘴巴的連結可能喝醉了，讓你喃喃地向朋友說了些會後悔的話；或是你可能將目光從一部吸引人的電影上移開時，發現自己嗑掉了一大包軟糖。在這些時候，大腦會運用預測能力來引發你的行動，而你沒有任何受到仲介的感覺。此時你有辦法拿下更多的掌控權，並改變自己的行為嗎？或許可以，但很困難。你要為這些行為負責嗎？你要負的責任比你所想的還要多哦。

　　引發動作的預測可不是憑空冒出的。若你以前不曾像小孩那樣啃過指甲，你現在應該也不會咬指甲；如果你不知道那些垃圾話，你現在就不會說給朋友聽；如果你從來沒有吃過軟糖……你懂的。你的大腦運用過去的經驗進行預測與準備好要行動。若你能像變魔術那般及時回到過去並改變過去的作為，今日大腦的預測可能就會不一樣，你可能就會採取不同的行動，並有了不同的經驗。

　　我們不可能改變過去，但現在努力一點，倒是可以改變大腦在未來進行預測的方式。你可以投入一點時間與力氣去學習新的想法。你可以創造新的經驗，你可以嘗試新的活動。你今日所學習到的每一件事情，都會在大腦中播

種，讓你在明日做出不一樣的預測。

舉例來說，我們全都會在考試前感到緊張，但有些人的焦慮特別嚴重。根據過去的考試經驗，他們的大腦預測並引發急速心跳與手心冒汗，讓他們無法完成考試。若這常常發生，他們的學業成績就會不及格，甚至被退學。但重點在這裡：心跳急速不代表就是焦慮。研究顯示，學生可以學習感受這種身體感覺不是焦慮，而是充滿活力的決心，當他們學會這麼做時，他們的考試成績更好了。這種決心播種在大腦中，讓他們在未來做出不一樣的預測，不再方寸大亂。若能好好練習這項技能，他們可以通過考試、完成課程，甚至是畢業，這對他們未來獲益的潛力會有巨大的影響。

我們也可以經由改變預測的方式，來培養對他人的同理心，並在未來採取不同的行動。巴勒斯坦與以色列，以及印度與巴基斯坦等都是文化衝突嚴重的民族，有個名為和平種子（Seeds of Peace）的組織將這些民族的年輕人聚集起來，想要藉此來改變預測。這些青少年參與足球、獨木舟及領導力訓練等等的活動，他們可以在受到支持的環境中談論彼此文化間的仇恨。藉由創造新的經驗，這些青少年正在改變他們對未來的預測，希望能為兩地文化搭起橋梁，最終建造出更為和平的世界。

你可以進行規模較小的類似嘗試。今日，我們之中

有許多人覺得自己居住在兩極化的世界，抱持不同意見的人士甚至無法文明地對待彼此。若你想要情況有所改變，那我可以提供你一項挑戰：選擇一個你感觸強烈的爭議政治議題，這在美國可能是墮胎、槍枝、宗教、警察、氣候變化、對奴隸賠償等議題，或可能是你覺得重要的在地議題。每天花5分鐘從異議者的觀點慎重思考這項議題，不要在腦袋中跟他們爭論，而是去了解跟你一樣聰明的人如何對你不支持的事情抱持信念。

我不是叫你要改變自己的意見，也不是說這個挑戰很容易。這項挑戰需要撤回你的身體預算，這可能會讓你覺得心情不佳或甚至沒有意義。但當你去嘗試，真的去試試看融入別人的觀點時，你就可以改變自己對不同觀點人士的未來預測。若你可以老實地說出：「我完全不同意這些人的看法，但我可以了解他們為什麼對自己所做的事抱持信念。」你就距離不那麼兩極化的世界又靠近了一步。這絕非自由主義的學術界所造出來的神奇垃圾，而是一項從大腦預測基礎科學上導出來的策略。

每個學過某種技術的人都知道，無論是開車或繫鞋帶，今日需要付出努力的東西，經過足夠的練習後，在明天就成了自發動作。它們之所會變成自發動作，是因為大腦已經調校與修葺過，使它做出會引發不同行動的不同預測。結果就是，你會感覺到自己與周遭世界都不一樣了。

這是某種形式的自由意志，或者至少是我們可以稱為自由意志的東西。我們可以選擇自己要接觸的東西。

我的重點是，你或許無法在當下改變行為，但你有很好的機會可以在事情發生**之前**改變你的預測。經由練習，你可以讓某些自發行為比其他行為更容易出現，並且比你所想的更能掌控未來的行動與體驗。

我不認識你，但我覺得這個訊息帶來希望，即使你或許會懷疑這種額外的掌控權是否還帶著某些附加條件。更多的掌控權也代表著更多的責任。若你的大腦不只是對世界做出反應，還主動對世界進行預測，甚至塑造自己的連線，那在你表現不好的時候，誰該負責呢？[7] 就是你了。

當我提到**責任**時，並不是說生活悲慘或是經歷困苦的人活該。我們無法選擇每一項我們會接觸到的事物。我也不是說，憂鬱症、焦慮症或其他重症患者會遭受痛苦要怪他們自己。我所說的是另一種情況：有時我們對事情負起責任不代表錯誤是因我們而起，而是因為我們是唯一可以改變情況的人。

在你小時候，你的照顧者維護帶給你大腦連線的環境。他們創造你的生態區位。你無法選擇那個生態區位，因為你只是個嬰兒。所以你無須為早期連線負責。若你成長時周遭人們都很類似，穿著同樣款式的衣服，有著一樣的信念，信奉同樣的宗教，或有著類似的膚色或身材，這

些相似性就會調校與修葺大腦去預測人們是何模樣。你正在發展中的大腦被局限在一個軌道上。

當你長大後，事情就變得不一樣了。你會接觸到各式各樣的人。你可以挑戰自小就被灌輸的信念。你可以改變自己的生態區位。你今日的行動會成為你的大腦為明日所做的預測，這些預測會在不知不覺中驅動你的未來行動。因此，你有些自由空間可以將你的預測調整到新的方向上，而你對結果也有責任。不是每個人在可以調整的事物上都有眾多選擇，但每個人都有**某些**選擇。

身為擁有可預測大腦的主人，你在行動與經驗上比自己所想的更有掌控權，也比自己所想的要肩負起更多責任。不過，若是你欣然接受這份責任，思考各種可能性，那你的生活會是什麼樣子？你又會成為什麼樣的人呢？

第五堂課

你的大腦會與其他人的大腦秘密運作

我們人類是社會動物，我們過著群體生活，我們照顧彼此，我們也建立文明。人類的合作能力一直是我們適應環境的主要優勢。這讓我們差不多能在地球上的每個地方居住，並且比其他動物（細菌除外）更能在多種氣候中生存茁壯。

結果顯示，身為社會動物有部分即表示，我們會調節彼此的身體預算，也就是會調節彼此大腦管理每日所需身體資源的方式。你已經知道，當幼兒大腦將自己與世界連線時，照顧者是如何幫助這些小小的大腦為資源編列有效預算的（或像羅馬尼亞孤兒案例中編列出有害預算）。不過，在幼兒大腦長大的許久之後，相互編列身體預算與重新連線仍在持續進行。你在一生中會不知不覺地存入並提

取其他人的身體預算，其他人也是這樣對待你。這項正在進行的秘密運作對我們的生活方式有正反兩面的深遠意義。

　　周遭人群如何能影響你的身體預算與讓你的成長的大腦重新連線呢？記得大腦會在獲得新經驗之後改變自己的連線嗎？這個過程稱為神經可塑性。神經元的微小部分經由調校與修葺，每天逐漸產生改變。舉例來說，樹枝狀的樹突會變得更為茂密，而與它們相關的神經連線也就會變得更有效率。這項重塑作業需要從身體預算中提取能量，然而具有預測能力的大腦需要一個好理由才會捨得消耗能量。這裡的絕佳理由就是，因為要重塑的是經常用來應對你周遭人士的連線。隨著你與其他人互動，你的大腦就在一點一滴地進行調校與修葺。

　　有些大腦會比較關注周遭的人們，有些則不會，但每個人都會關注一些人。（即使是精神疾病患者也會依賴他人，只是用了非常不適宜的方式。）最終，你的家人、朋友、鄰居，甚至是陌生人，都對你的大腦結構與功能有所貢獻，並協助你的大腦維持身體的運作。

　　這種共同調節的方式具有重大影響。一個人身體內的改變時常會促使另一個人的身體也產生改變，無論這兩人是彼此有情愫、只是朋友，還是第一次見面的陌生人。當你與某個你在意的人在一起時，無論你們是隨意交談或是激烈爭執，你們的呼吸都可以同步，心跳也可以同步。這

種實質的連結發生在嬰兒與照顧者之間、治療師與患者之間，以及共同上瑜珈課或合唱的人們之間。我們常在彼此不知不覺的編舞中反映出對方的動作，這是由我們大腦所編排的舞蹈。我們其中一個領著舞，另外一個跟著跳，有時還會交換。相反地，當我們彼此厭惡或不信任時，我們的大腦就像是會互踩的舞伴一樣。

　　我們還會經由行動調整彼此的身體預算。如果你提高音量，或甚至揚起眉毛，你就會影響其他人體內的運作，像是影響到他們的心跳或是血流中所攜帶的化學物質。如果你所愛的人正遭受痛苦，你只要握住她的手，就可以減輕她的痛苦。

　　對於我們**人類**而言，身為社會動物具有各式各樣的優勢。其中一個優勢是，如果擁有與他人互相支持的親密關係，我們就會活得久一點。擁有相愛的關係對我們有益，這似乎顯而易見，但研究顯示，這帶來的益處遠比我們一般所想的還要超出許多。若你與伴侶感覺到彼此的關係親密且受到關愛、你們回應彼此的需求，而且當你們在一起時生活似乎過得輕鬆愉快，那麼你們兩人就不容易生病。若你已經罹患嚴重疾病，像是癌症或心臟病，你可能會變得好一點。這些研究是針對已婚夫婦進行的，但結果似乎也適用在親密的朋友關係，或甚至是養寵物的人身上。

　　另一個身為社會動物的優勢是，當我們與我們信任的

同事及上司一起工作時，我們在工作上的表現會更好。有些雇主會刻意培養信任感並從中獲益。舉例來說，有些公司會提供員工免費餐點，這不僅僅是享用美食的福利，也能鼓勵員工一起交流與進行腦力激盪。有些辦公室還會有廣大的即興辦公區，好讓員工可以離開自己的辦公桌，跟同事一起工作。當你創造出身體預算負擔較少的共同工作環境時，人們就會彼此更加信任，步調更為一致，進一步激發出新的想法。

整體來說，身為社會動物對我們而言是好事，但也有缺點。我們擁有親密關係時或許會更為健康長壽，但當我們長期感到孤單時，我們會生病早死，根據資料顯示，可能會早個幾年過世。因為沒有別人協助我們調節身體預算，我們就得要扛起額外的負擔。你是否曾因分手或有人過世而失去親密的人，並感覺失去了部分的自己呢？那是因為真是如此。你失去維持身體系統平衡的一個來源。詩人阿佛烈‧丁尼生男爵（Alfred, Lord Tennyson）有句名言：「曾經愛過，即使失去，都比從未愛過的好。」以神經科學的用語來說，分手可能會讓你覺得像要死了那般，但長期的孤獨感卻會加速你的死亡。這就是為什麼有個論點認為，單獨監禁（強迫獨處）在監獄中就像是在緩慢執行死刑那樣。

分享式身體預算的驚人劣勢是對同理心的影響。當你

理解他人時，你的大腦會預測他們的想法、感受與作為。你越熟悉其他人，就越能有效預測他們的內心掙扎。整個過程感覺起來既鮮明又自然，就好像你可以讀心一樣。但這是有代價的，你對不熟悉的人可能就難以產生同理心。你或許得要額外花點心力去更加了解這個人，這代表要從你的身體預算中提取資源，或許會讓你感到不適。這可能就是其中一個原因，讓人們有時無法對與自己外表不同或信仰不同之人產生同理心，以及讓人只是去嘗試看看也會感到不適。大腦在處理難以預測之事上需要付出高額的能量消耗。難怪人們會創出所謂的同溫層，因為圍繞在他們周遭的時事與觀點會不斷強化他們所相信之事，降低了能量的消耗以及學習新事物所帶來的不適感。遺憾的是，這也降低了學習到某些可以改變人類心智之事物的機會。

除了人類之外，許多其他生物也會調節彼此的身體預算。螞蟻、蜜蜂與其他昆蟲會運用費洛蒙這類化學物質來進行這件事。像老鼠這類哺乳動物也會使用化學物質，讓牠們可以經由氣味來溝通，除此之外老鼠還會利用叫聲與觸碰來溝通。猴子與黑猩猩這些靈長類也會運用視覺來調節彼此的神經系統。不過人類在動物王國中是獨一無二的，因為我們還會運用**文字語言**來調節彼此。善意的言詞會安撫你，像是當你累了一天之後朋友給你的讚美。霸凌的惡意言詞就可能讓你的大腦預測會有威脅，並在血流中注入大

量荷爾蒙，浪費身體預算中的寶貴資源。

文字語言對你的生物性影響可以跨越極大的距離。在美國的我現在就可以將我愛你這段話傳訊給在比利時的親密好友。雖然她聽不到我的聲音或也看不到我的臉，我還是可以改變她的心跳、她的呼吸以及她的新陳代謝。或是有人傳個令人困惑的訊息給你，像是你的門有鎖好嗎？這可能就會讓你的神經系統感到不安。

你的神經系統不但會受到遠距而來的東西所干擾，也會受到跨越數個世紀的東西所干擾。若你曾經從《聖經》或《古蘭經》這些古籍中獲得慰藉，你就是從早已不存在的人那裡獲得了身體預算上的協助。書籍、影片與播客（podcast；可以下載並隨時聆聽的數位廣播）可以讓你感到溫暖，也可以讓你覺得發冷。這些效果也許不持久，但研究顯示，我們僅用語言就能以自己都料想不到的實際方式迅速揪住別人的神經系統。

在我的實驗室中，我們進行實驗來證明文字語言的力量會影響大腦[1]。我的受試者靜靜躺在大腦掃瞄儀中，聽著如下的簡短說明：

你外出喝了一整晚的酒後正開車回家。在你面前的漫長道路似乎沒有盡頭。你閉上眼睛片刻，車子開始打滑，你猛然驚醒。你感覺手上的方向盤也在打滑。

　　當受試者聽到這些話時，我們觀察到大腦有關動作的區域活動量增加，即使他們的身體只是靜靜地躺著。我們也在大腦視覺區域看到活動，即使他們的眼睛是閉著的。最酷的部分在這裡：在他們大腦系統中增加活動的，還有控制心跳、呼吸、新陳代謝、免疫系統、荷爾蒙與其他雜七雜八的區域……這全都是因為處理言詞的意義而起。

　　為何你接觸到的文字語言會在你體內產生如此廣泛的效應？因為許多處理語言的大腦區域**同時也控制你的身體內部**[2]，包括支持身體預算的主要器官與系統。這些內含科學家所謂「語言網絡」的大腦區域，會引導你心跳的增減。它們調整葡萄糖進入血流中好為細胞供給養分。它們改變化學物質的流動以支撐免疫系統。文字語言的影響力不是比喻而已，它就在我們大腦的連線當中。我們在其他動物身上也看到類似的連線，舉例來說，控制鳥類身體器官的神經也對鳥兒的歌聲很重要。

　　文字語言是調節人類身體的工具。其他人的言詞對你的大腦活動與身體系統有直接影響，而你的言詞也對其他人有同樣的作用。無論你想不想要這種效果都無關緊要，它就是我們連線的方式。

　　這些效果的影響有多大？舉例來說，文字語言會對健康有害嗎？少量的話，不一定。當有人說了你不喜歡

的話，或是侮辱你，甚至威脅你的人身安全，你會覺得難受，因為你的身體預算在當下被動支了，但這對你的大腦或身體沒有實質傷害。你的心跳可能會加速、你的血壓可能會改變、你可能會冒汗等等，但等你的身體回復後，你的大腦或許還會變得更堅強一點。演化賦予你一個可以處理暫時性代謝變化的神經系統，甚至還能從中獲益。偶爾出現的壓力就像運動一樣，在對你的身體預算進行短暫提取之後，重新存入的東西可以產生更強大也更美好的你。

但如果你一次又一次地不斷遭受壓力，卻沒有機會可以復原，這樣的影響可能會非常嚴重。若你持續在即將爆發的壓力中掙扎，你身體預算的赤字不斷加重，也就是處於所謂的慢性壓力之下，它帶給你的不僅僅是當下的痛苦。隨著時間過去，會累積慢性壓力的**任何事物**，都會逐漸蠶食大腦，並造成身體疾病。這些事物包括了身體虐待、言語霸凌[3]、社會排擠、嚴重忽視，以及我們這種社會動物互相折磨的其他無數創新手法。

這裡有件很重要的事需要了解，人類大腦似乎無法分辨不同的慢性壓力來源。若你的身體預算已被生活環境耗盡，像是身體疾病、財務困難、荷爾蒙激增或只是睡不飽或運動不足，你的大腦都會對各種壓力更加敏感。這包括了威脅、霸凌或折磨你與你所在意之人的文字語言所產生的生物性影響。當你的身體預算持續挑著重擔時，短暫的

壓力就會堆積，甚至是你平常可以快速反擊的那些也會堆積。這就像是孩子們在床上跳一樣。這張床也許可以讓10個小孩同時跳，但加上第11個後就會弄斷床架了。

簡而言之，長期的慢性壓力對人類大腦有害[4]。科學研究對此有明確清楚的證據，舉例來說，當你持續受到侮辱及威脅時，研究顯示你會更容易生病。科學家尚未了解背後所有的運作機制，但我們知道它會發生。

這些針對語言霸凌所進行的研究，其所選取的受試者平均地涵蓋了所有政治傾向的民眾，左派、右派與中間派都有。無論我們是什麼類型的人，我們都是社會動物。若有人侮辱你，他們的話一次、兩次甚至是二十次都不會傷害到你的大腦。但如果你持續處在惡言惡語中好幾個月，或是你居住在持續不斷地提取你身體預算的環境中，那些言詞確實會對你的大腦造成實質傷害。那不是因為你很脆弱或是所謂的玻璃心，而是因為你是人。無論是好是壞，你的神經系統都與他人行為緊緊相繫。你可以爭論這些資料代表什麼或是否重要，但它就是這樣。

另外還有兩項有關壓力對進食影響[5]的研究，身為科學家的我認為這兩項研究非常出色，但對於身為人的我而言，它們卻讓我感到不安。其中一項研究發現，若你在兩個小時內的用餐時間中都處在有社會壓力的情況下，你身體代謝食物的方式會讓你在同樣的餐點中多獲取104大卡的

熱量。若每天都是這樣,你一年就會增加11磅(5公斤)左右。不僅如此,就算你吃的是在堅果中會發現的那種健康不飽和脂肪,在身處一整天的壓力下,你的身體會將這些食物代謝到好像裡頭都是壞脂肪一樣。我不是說,這樣你就可以在身處壓力時用炸薯條代替魚油。你還是要摸著良心過生活,不過壓力確實會讓你增重。

對你的神經系統而言,其他人是最棒的事物,但同時也是最糟糕的事物。這種情況讓我們來到人類處境的基本困境。你的大腦需要其他人來保持你身體的運作與健康,但同時也有許多文化極為重視個人權利與自由。依賴與自由本來就有衝突。身為社會動物的我們會調節彼此的神經系統以求生存,在這樣的情況下,我們如何才能好好地尊重與培養個人權利呢?

要回答這個問題,我必須稍微卸下我的實驗袍,因為我要小心蹚入政治這趟渾水中。在個人自由的信念以及生物的實際情況之間確實存有張力,因為認定個人自由的信念,代表你幾乎可以對任何人說出任何你想要說的話,然而在生物的實際情況中,人類卻有著依賴社會的神經系統,也就代表你的言詞會影響到他人的身體與大腦。科學家的工作不是大聲嚷嚷要如何解決這之間的張力,而是要指出人類的生物性是真實存在的,而且生物性能激勵人們努力解決我們社會與政治世界中所出現的議題。所以重點

來了。

首先，要有解決這個困境的全面性方案是不可能的，因為不同的文化有著不同的價值觀。舉例來說，仇恨言論在美國是合法的，只要你不公開威脅要去傷害某人即可。然而在世界上某些地區，簡單的批評也可能會讓你被判死刑。

不僅如此，根據我的經驗，要去討論自由與依賴的基本困境就很困難了，更不用說要解決了。如果你在美國試圖要談談有關這個困境的話題，或甚至是提問，一定會有人指責你是社會主義者，或宣稱你違反美國憲法第一修正案所保障的言論自由。不過，自由在全球各地都是兩黨議題；我們想要的自由取決於所討論的議題。當美國在對擁有槍枝的議題進行爭論時，保守黨傾向支持個人自由，而自由黨則較提倡控制。當爭論議題是墮胎時，立場就反過來了，保守黨提倡控制，而自由黨則傾向支持個人自由。

在美國，解決這項困境的辦法絕對**不是**限制言論自由。畢竟，歷史中充滿了我們克服自己的生物性，讓我們可以活出自己價值的例子。舉例來說，雖然有人身上會帶有讓我們生病或甚至死亡的病菌，但只有在極為嚴重的情況下，我們才會立法制定出限制人身自由的解決方案。我們攜手創新則是更為常見的情況。我們發明肥皂、我們不握手改碰肘、我們尋找新藥與疫苗等等。若這還不夠，專

家告訴我們要自主隔離並保持社交距離。即便在自由的社會中，我們的行動就像病毒那般在無形中影響著彼此。

我認為，至少在美國，解決困境的更實際方法是去了解自由總是伴隨著責任。我們有言論及行動自由，但我們擺脫不了自己言行的後果。我們可能不在乎那些後果，或是不認為那些後果合理，但它們仍然會讓我們全都付出代價。

那些因慢性壓力更加惡化的疾病，例如糖尿病、癌症、憂鬱症、心臟病與阿茲海默症，造成了醫療費用增加，這讓我們付出代價。我們的政客互嗆垃圾話並進行人身攻擊，而不是像美國國父所設想的那樣理性辯論，於是造成了政府成效不彰，這讓我們付出了代價。身為公民，彼此卻難以有建設性地討論政治議題，僵持不下的局面削弱了我們的民主，這也讓我們付出了代價。

當人們持續承受壓力時，他們的學習情況就會不佳，所以我們也為全球經濟創新低落付出代價。創造力與創新常代表著會經歷反覆失敗，並頑強地站起來再試一次。這種額外的努力需要用到額外的能量。你的大腦已經用掉了20%的全身代謝預算，這也讓大腦成為身體裡最「昂貴」的器官，而且在你一生當中的每時每刻，對於要消耗什麼能量、什麼時候該消耗與什麼時候又該儲存能量的這些問題，大腦會做出最經濟實惠的決定。若你所負擔的身體預

算已呈現赤字，你可能就難以做出有遠見的花費。

　　科學家常被要求他們的研究要對日常生活有用處。這些有關文字語言、慢性壓力與疾病的科學發現就是完美的例子。當人們以尊重基本人格尊嚴的方式對待彼此時，就會產生實質的生物性效益。若他們不這麼做時，也會產生出生物性上的後果，這最終會慢慢成為每個人要付出的財務與社會代價。個人自由所要付出的代價就是為自己對他人所造成的衝突負責。我們大腦的所有連線都確認了這一點。

　　當我們的社會做出關於健康照顧、法律、公眾政策與教育上的決定時，我們可以選擇忽略我們本身依賴社會的神經系統，或也可以認真看待它們。討論這些議題或許很困難，但避而不談更加糟糕，因為我們的生物性不會就此消失。

　　認真看待人類的相互依賴性不代表就要限制權利。這可能只是意味著去了解我們對彼此的影響。我們每個人都可以成為讓其他人身體預算收入大過支出的那種人，或也可以成為浪費周遭人士健康與福利的另一種人。

　　我們有時必須說出讓他人反感或不喜歡的言詞。這是民主的重要成分。但我們這樣做時，只是因為我們想要說話，還是真的想讓別人**聽進去**？若是後者，那麼我們或許要多想想能讓訊息更有效傳達的方式。要將很困難的訊息

傳達到聽者的身體預算那裡，所選擇的傳達方式會讓這件事變得容易些或更困難。所以當我們想要暢所欲言時，以鼓勵他人聆聽的方式來進行溝通是有意義的。

　　大多數人都是吃著他人耕種的食物，也有許多人居住在他人建造的房子中。我們的神經系統受到他人的照料。你的大腦會與其他人的大腦秘密運作。這個隱形的合作關係讓我們保持健康，所以重點在於我們如何以非常實際的大腦連線方式對待彼此。因此，我們不只是對嬰兒（請參考第三堂課）、對自己（請參考第四堂課）有著比我們所想的還要更多的責任，我們對其他人也有著比我們所想的還要更多的責任（或需求）。無論你喜歡與否，我們的言行都影響著周遭人士的大腦與身體，而他們也會給予回報。

第六堂課

大腦會產生一種以上的心智

　　印尼巴厘島民感到害怕時會睡著[1]。或至少他們應該會這麼做。

　　感到害怕時會睡著似乎是件奇怪的事。若你來自西方文化，你在當下應該會僵住、張大眼睛並倒抽一口氣。你可能還會像恐怖電影的青少年保母那樣閉緊雙眼大叫。或你可能會逃離讓你受驚的東西。這些都是西方刻板印象中所認定的害怕行為。而在巴厘島所認定的刻板行為就是睡覺。

　　什麼樣的心智在感到害怕時會睡覺？就是跟你不一樣的心智。

　　人類大腦可以創造出不同的心智。我指的不只是你會有與朋友及鄰居不一樣的心智。我指的是有著不同基本特

質的心智。舉例來說，若你像我一樣來自西方文化，你的心智就會有思考與情緒這兩項特質，而且這兩項特質感覺起來就有根本上的不同。但若是在巴厘島文化或是菲律賓伊朗革族文化（the Ilongot culture）中長大，就不會體驗到西方人士所謂的「認知與情緒是不同的東西」。他們所體驗到的東西，我們會認為是思考與感覺的混合體，但對他們而言，那是單一的東西。若你發現這種心智特質難以想像，這是正常的。因為你沒有巴厘人那樣的心智。

　　這裡還有其他例子。西方人的心智常常會試圖猜測別人當下的想法或感受。這種心理推論在我們的文化中是既基本又寶貴的技巧。當我們遇上不熟悉這項技巧的人時，我們可能會覺得他們不正常而非認為彼此只是有所不同而已。但在某些其他文化中，試圖窺探他人內心的行為會被認為是沒有必要的。非洲納米比亞（Namibia）的辛巴人（Himba）不會去猜測彼此行為背後的內心想法，他們只經由觀察行為來彼此應對。若你對一位美國人微笑，他的大腦會猜測你很高興看見他，並預測你會說哈囉。若你對一位辛巴人微笑，他的大腦只會預測你將會跟他說哞囉（moro；他們語言中的「哈囉」）。

　　即使在同一個文化中，我們也會發現不同類型的心智。想想偉大數學家的心智，他們能構思其他人心智辦不到的計算。或想想格蕾塔・童貝里（Greta Thunberg）的心

智，還是青少年的她就已經遊歷全世界，就氣候變遷的問題發出豪語。童貝里泛自閉症的心智[2]，讓她說出他人不願說出口的話。她稱自己的情況是種「超能力」，當人們批評她的努力時，這種超能力可以幫助她堅持自己的任務。

你可以也想想看患有思覺失調症與持續感受到嚴重幻覺的人士。今日，具有這類心智的人們被認為患有精神疾病，但在幾個世紀前，他們可能會被稱為先知或聖人。12世紀的學者賀德嘉・馮・賓根（Hildegard of Bingen）[3]修女，看到天使與魔鬼的異象，並聽到據信是來自上帝的無形聲音。

上課上到這裡，這些心智種類的差異應該不會讓人感到驚訝了。我們已經知道人類有單一大腦結構，也就是一個複雜的網絡，而每個人的大腦都由自己的周遭環境所調校與修葺。我們也了解到，心智與身體有強大連線，兩者的邊界上有許多管道互通。大腦的預測讓你的身體準備好要行動，然後為你的感知與其他經驗做出貢獻。

簡而言之，在某個特定人體中的特定人類大腦，在特定文化中成長與連線後，將會產生出特定的心智。所以人性不只一種，而是有很多種。心智是從大腦與身體間之交易所產生的東西，而你的大腦與身體又被其他人身體內的大腦所環繞，而其他人的大腦也身處在這個真實的物理世界中，並建構出一個社會世界。

在這裡要說清楚的是，我不是說人類心智是一張白紙，我們每個人完全沒有天生特質，全由環境塑造而成。那種心智可能是肉餅腦會產生的心智。（肉餅腦是第二堂課中所假想的大腦結構，它裡頭的每個神經元都與每個其他神經元相連。）我也不是說，人類來到世界時大腦已經完全了解情況，所以全部就只有一種人性。這種心智可能是瑞士刀腦會產生的心智[4]。（瑞士刀腦是另一種假想大腦，它由不同的大腦區域所組成，每個區域都有專屬功能。）我所說的是第三種可能性。我們帶著基本大腦藍圖來到世上，這份大腦藍圖能以各種方式進行連線，好建構出不同的心智。

人類擁有多種心智是很重要的，因為差異性正是一個物種生存的關鍵。達爾文最偉大的見解之一就是，差異性是天擇運作的先決條件[5]。想想以下的情況：若環境出現巨變，像是食物嚴重短缺或是氣溫驟升，一個沒有太多差異性的物種可能就會滅絕。一個擁有多樣差異性的物種較有機會在任何浩劫過後留下一些能夠適應新環境的生存者。達爾文在動物身體上觀察到差異性，同樣的原則也適用在人類心智上。若我們都擁有同樣的心智，就好像只有一種人性，一旦災難來襲，我們可能就會滅絕。幸好無論在單一文化或不同文化中，我們人類都有著多種心智，因此我們比較不容易滅絕。

　　即使差異性是常態，也是人類得到的恩賜，卻讓人感到不安。比起持續的差異性，全體人類有著單一種人性的想法讓人自在許多。甚至當科學家接受有不同的心智存在時，他們還是試著經由分類來降低差異性。他們將人們分門別類地分置在井然有序的小標籤盒中。有些人被標示成具有溫暖人格，有些人被標示成具有冷漠人格。有些人較有領導能力，有些人較會照顧人。有些文化優先考量個人而非群體，有些文化則相反。每一個盒子都代表一種看似全體一致的心智特質，科學家就利用這些盒子對人類心智加以分類。

　　你可能有看過性向測驗，這種測驗收集你的資料並將你分類到某個小盒子中。邁爾斯‧布里格斯性格分類法（Myers-Briggs Type Indicator, or MBTI）[6]就是個很好的例子，它將人們分到16種不同人格類型的小盒子中。你被分類後，可能會對你選擇工作有所幫助。可惜的是，這種性格分類法的科學效度令人懷疑。這個測驗與許多類似測驗都只經由詢問你對自己的**想法**來定論，研究顯示這樣的測驗與你日常生活中的實際行為沒有什麼相關。我個人較偏好哈利波特裡的霍格華茲分類測驗（the Hogwarts Sorting Test），這個只分成4個盒子，而且還很嚴謹（我是雷文克勞〔Ravenclaw〕的）。

　　科學家也在試著分辨什麼是正常、什麼是不正常的，

好將心智的差異性分門別類。問題在於「正常」是相對
的。舉例來說,同性戀之前在美國精神醫學會(American
Psychiatric Association)的正式精神疾病項目中被列為精神疾
病多年。今日,許多人都認可了各式各樣的性別取向、認
同與性角色都屬於正常範圍內的差異。雖然我們仍將許許
多多的差異性硬塞入不同的小盒子中,不過這至少是個開
始。

所有這些分類與標籤都試圖定義心智的特質,認為它
們是全體人類一致擁有的。一般似乎認為,若你、我、布
宜諾斯艾利斯的農民、東京的店主與納米比亞辛巴牧羊人
都隸屬同個物種,那麼這些人的心智就應該在某些方面是
一致的。部分科學家甚至去找尋大腦內是否有主掌共同特
質的迴路,如果也在其他動物的大腦中發現類似的迴路,
他們就會認定動物也有這項心理特質,這樣世界就會突然
得到安撫,好像我們對人性演化的了解又向前邁進了一步。

但是,若我們從早先的課程有清楚了解到什麼,那就
是一般常識對了解大腦如何運作並沒有多大用處。大腦具
有許多共同特質,心智則比較少,因為心智有部分得仰賴
被文化調校與修葺過的微小連線。舉例來說,許多西方文
化在心智與身體之間劃定了強大的界限。若你胃痛,你可
能會去看家醫科或腸胃科醫生;若你感到焦慮,你可能會
去看臨床心理學家,即使症狀與背後的病理學是一樣的。

但在某些東方文化中，像是對信仰佛教的人士而言，心智與身體幾乎是合一的。

　　就我目前所知，人類心智沒有全體一致的明確特質。對人類而言，任何心智特質都是獨一無二的，像是我們有著種類豐富的口語。你總是可以發現到沒有某種特質的人存在（像是新生兒），或是找到幾乎所有人都擁有的特質（如合作），你還會發現許多其他動物也有這項特質。

　　不過我們還是可以發現廣泛存在的心智特質，因為這些特質非常有用，即使它們不是全體人類共有的。其中一個例子就是建立關係的能力。擁有一個會定位自己與他人關係的心智是很有用的，特別若是你的文化重視群體勝過個人。然而擁有一個能將自己從群體中獨立出來的心智也是有用的，特別若是你的文化重視個人勝過群體。但不關心自己也不關別人的人，在**任何**人類文化中運作起來都很辛苦。

　　心智有個特別有用的特質，也是幾乎人類全體都有的心智特質是心情（mood），這是來自身體的一般感受。科學家稱之為情感（affect）[iv]。情感所帶來的感受，從愉快到不愉快、從消極到積極皆有[7]。情感不是情緒（emotion），大腦隨時都會產生情感，無論你當下是否有情緒，也無論

----

iv. 作者註：情感的英文「affect」在這裡當作名詞，有著跟 apple 一樣的短 a 發音，
　　且重音在第一音節。

你注意到與否。

　　情感是所有快樂與悲傷的來源。它讓你對某些事物感到印象深刻或神聖莊重，也讓你對某些事物感到繁瑣或卑劣。若你有宗教信仰，情感會幫助你感受到與神有連結。若你是個重視精神層面但還不到宗教信仰程度的人，情感就會成為一種超然的感覺，讓你有著自己是某個巨大之物其中一部分的感受。若你是個懷疑論者，情感就是驅動你認定別人錯了的因素。

　　情感打哪兒來？每時每刻（像是你閱讀這些文字的當下），你的器官、荷爾蒙與免疫系統都產生了大量的感覺資訊，而你幾乎察覺不到。你只會在心跳與呼吸加速或是特

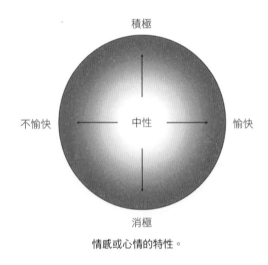

情感或心情的特性。

別注意的情況下，才會發現到自己的心跳與呼吸。你也幾乎不會注意到自己的體溫，除非它太高或是過低。然而，你的大腦持續從大量資訊中尋找意義，以預測身體的下個行動，並在代謝需求上升之前就先達到所需程度。當所有這些活動在你身體內進行時，某件神奇的事情發生了，就是你的大腦會總結身體當下經歷的情況，而你對這個總結所感受到的就是情感。

　　情感就好像你當下情況的晴雨表。記住，你的大腦持續在為身體執行預算。情感會暗示你的身體預算是否平衡還是已達赤字。理想情況下，演化應該要給你更具體的東西，像是可以精準調節身體預算的應用程式或智能手錶[8]。你會聽到：嘿！你的葡萄糖量不足，去吃顆蘋果或最好吃塊巧克力。順帶一提，你昨晚沒睡飽，大腦內的多巴胺含量低下。去喝杯200毫升左右的咖啡，最好是深度烘焙並加點鮮奶油的咖啡，你得先向明天預支能量以度過今天剩餘的時間。可惜情感沒有這麼精確。它只會告訴你：嘿！你累癱了。然後你的大腦必須預測出要讓你好好活下去的下一步是什麼。

　　科學家仍在苦思大腦對於身體預算的運作（身體上的）是如何轉換成為情感的（心智上的）。全球各地實驗室所進行的數百項研究（其中也包括我的），都在觀察這怎麼發生，這種從身體訊號到心智感覺上的轉變仍是意識的巨大

奧秘之一。它還重申身體是心智的一部分,這可不是以某種神秘虛無的角度來看,而是以實實在在的生物學角度來看。

即使每種人類文化都會產生可以感覺到愉快、不愉快、平靜與激動的心智,但並不代表我們就認同讓我們有這些感受的是**同樣的東西**。我們之中有些人對輕輕的碰觸覺得愉快,有些人則會覺得這樣的碰觸難以忍受,還有一些人喜歡用力的拍打。即使在這裡,差異性也是常態。大腦用來調節身體的運作可能是全體一致的,但其所產生的心智體驗卻不是。

你的心智只是眾多心智中的一種,而且你也不局限在目前擁有的心智當中。你可以改變自己的心智,人們一直都在這樣做。大學生會用咖啡因或安非他命來創造出可以在期末考之前通宵熬夜的心智;參加派對的人喝了酒就創造出在社交場合中較為放鬆也較放得開的心智(很神奇地,圍繞在他們四周的人士突然就變得很有吸引力)。這些化學上的改變只能維持短暫時間。想要長時間的改變,你可以試試創造新經驗或學習新事物來讓大腦重新連線,就像我們在先前幾堂課中所討論的那樣。

一種具有挑戰性的改變心智方式是轉換到另一種文化中。若你聽過鄉下老鼠與城市老鼠的故事,或是讀過馬克吐溫的《乞丐王子》(*The Prince and the Pauper*),或是看過

《愛情不用翻譯》（*Lost in Translation*）這類的電影，你就會知道情況會怎麼發展。這些角色被迫進入不熟悉的文化中，以至於他們不知道自己要如何應對。

　　想像你自己來到一個你連最基本東西都不知道的文化中。什麼是人們可以接受的打招呼或甚至是注視的方式？在別人身旁可以站多近才不會顯得無禮？那些陌生的手勢與臉部表情代表什麼意思？你的心智必須去適應新文化。科學家稱此為**文化適應**（acculturation），這就像是可塑性的極端版本。你突然被模糊不清的新資訊包圍，你的大腦需要調校與修葺本身，才能讓自己可以有效猜測出要做什麼。

　　文化適應可以非常具有挑戰性。若你曾到過開車方向完全不同的國家，就能親身體會到文化適應過程中的心理痛苦。即使是什麼可以吃、什麼不能吃的這種簡單問題，在新文化中都可能是項冒險。想像你坐下要吃東西，第一次看到盤子中有整顆水煮羊頭，或是一整碗的蜂蛹，或是一塊Twinkie牌的海綿蛋糕，我的天啊！一個文化中的食物，卻是另一個文化中不能吃的東西。

　　文化適應不只出現在跨越地理邊界的情況下。工作與家庭生活間的轉換，以及換工作必須學習新的行規與行話，也都是種文化上的改變。軍人至少要適應二次的文化改變，他們加入軍隊時，**以及**他們退役回到家中時。

　　你的大腦持續發布預測以掌管你的身體預算，若這些預測與你當下的文化不協調，你的預算可能就會產生赤字，讓你容易生病。移民的孩子更是如此。他們處在兩種文化中，他們父母的文化以及他們新加入的文化中，他們必須在兩種心智間轉換，這增加了他們身體預算的負擔。

　　沒有哪種心智天生就比另一種好或壞，有些差異只是為了個別環境所量身打造而出的。

　　談到人類心智時，差異性就是常態，而我們所謂的「人性」確實是很多人的本性。我們不需要全體一致的心智來宣稱我們是同一物種，我們所需要的是個極端複雜的大腦，可以將自己連線到周遭的物理環境與社會環境中。

第七堂課

大腦可以創造現實

　　你一生中的多數時間都生活在人造的世界。你居住在人類起名且界定的城市或鄉鎮。你的住址是由人類創造的字母與其他符號所拼寫而成。每本書（包括本書在內）中的每一個字都是使用人造的符號。你可以運用所謂的「貨幣」來取得書籍與其他物資，貨幣可用紙張、金屬及塑膠來代表，它也是完完全全的人造物。有時貨幣是無形的，它們沿著電腦伺服器間的網路線流動，或是經由Wi-Fi網路以電磁波的形式在空氣中傳送。你甚至會用無形的貨幣購買無形的東西，像是提早登機的權利，或有人來服務你的特權。

　　你每天積極並有意願地參與這個人造世界。這對你而言是個真實世界。跟你自己的名字一樣真實，順帶一提，名字也是由人類所創造出來的。

　　我們都居住在只存在人類大腦中的**社會現實**世界。沒有物理或化學上的東西決定你現在離開了美國進入加拿大，或是決定某片水域准許捕魚，或是地球繞太陽運轉軌道中的一段就是一月。對我們而言，這些都是真的，都是社會現實。

　　地球本身與地球上的岩石、樹木、沙漠與海洋都是實際存在的物理現實。社會現實代表我們共同賦予物理現實新功能。舉例來說，我們同意地球上的某個特定區塊是個「國家」，我們也同意某位特定人士是這個國家的「領導人」，像是總統或女王。

　　只要人們改變了他們的心智，社會現實可在瞬間產生劇變。例如英國在1776年少了13個殖民地，被美國取而代之。社會現實的世界也是會致命的。在中東，為了某個地區是屬於以色列還是巴勒斯坦的，人們意見分歧，甚至互相殘殺。即使沒有明確討論社會現實的存在，但我們的行動就已經讓它成為事實。

　　社會現實與物理現實之間的界線有許多管道可以互通[1]，我們可以運用科學實驗來印證。研究顯示，當人們相信這瓶酒很貴時，人們就會覺得這酒特別好喝。一模一樣的咖啡，人們也覺得有**環保標章**的比沒有的好喝。你大腦的預測深受周遭社會現實所影響，這也改變了你對飲食的感知。

　　你我與其他人在完全沒有預演的情況下就創造出社會

現實，因為我們有著人類大腦。就我們目前所知，沒有其他動物具備這種能力，創造社會現實是人類獨一無二的能力。科學家不確定大腦是如何發展出這項能力的，但我們猜想這與我稱為5C的一整套能力有關[2]。這5C為創造力（creativity）、溝通力（communication）、模仿力（copying）、合作力（cooperation）與壓縮力（compression）。

　　首先，我們需要具有**創造力**的大腦。同樣的這份創造力讓我們創作藝術與音樂，也讓我們在地上劃線，並稱此線為國家邊界。這樣的行動需要我們創造一些社會現實（也就是國家），並賦予某塊土地新功能，例如公民權與移民入境，而這在真實物理世界中並不存在。下次你通過海關或甚至是離開某個鄉鎮前去另外一個鄉鎮時，都可以想一想這件事。我們的邊界是人造的。

　　其次，我們需要一個可以有效跟其他大腦**溝通**的大腦，好彼此分享想法，像是對於「國家」與其「邊界」的想法。我們進行有效溝通的方式通常也包括語言，舉例來說，當我告訴你我要加油時，我通常不用向你解釋我在說的是我的車，不是我本身，也不用特別解釋我打算不久後就去加油站，拿張塑膠卡下車加油付費等等。我的大腦會聯想到這些東西，你的大腦也會，這讓我們可以有效溝通。嚴格來說，在小範圍中的社會現實中，文字語言不是絕對必要的。若我們倆在十字路口會車，我揮手向你示意

先行,你可以觀察我的手勢來猜測意思,而你自己也能在未來使用同樣的手勢。但要讓社會現實擴展與永續,語言通常比其他符號更具有效率。想像一下,若不使用語言,要建立與教導一個國家的交通法規會變成什麼樣子。

我們也需要大腦經由彼此可靠的**模仿力**去學習,然後建立可以和諧相處的法律及規範。當我們讓幼兒大腦連線到他們的世界時,我們就在教導他們這些規範。我們也教導新來者這些規範,這不只是為了讓日常互動更加順暢,也是為了協助新來者生存。我曾讀過有關1800年代探險家[3]的故事,他們冒險進入世界上荒涼未知的區域,他們之中有許多人也死在那裡。能夠生存下來的探險隊則是其成員能與當地原住民變得熟識的隊伍,原住民教導探險隊員要吃什麼,要如何準備食物,要穿什麼,以及在陌生氣候中的生存秘訣。若每個人所遇到的每件事都不能靠模仿來解決,那麼人類就會滅亡。

我們需要可以在廣大地理環境中**合作**的大腦。即使是像拿起廚櫃中豆子罐頭這樣十分平凡的行為,也是因為有其他人才做得到。要有人澆水種豆(他們可能在數千哩之外),也要有人挖出製造罐頭的金屬,還要有其他人將豆子運送到你周遭的商店,這些店也是由某人用木頭、釘子與磚塊蓋出來的,而那些材料又是由某些人運用其他已逝之人所發明的技術與工具所製造及搬運。你用來購買豆子的

錢，也是由他人所組成的政府所發明及維護的。拜共享社會現實所賜，所有這數千名人士在對的時間與對的地點做了對的事情，讓你可以拿起豆子罐頭來做晚餐。

隨著基因改變所出現的創造力、溝通力、模仿力與合作力（5C中的4個），給了人類一個大型的複雜大腦。但大尺寸的大腦與高複雜度並不足以產生與維持社會現實。你還需要第五個C（**壓縮力**）⁴才行，這是其他動物大腦所沒有的難懂能力。我會運用比喻來解釋壓縮力。

想像你是位警探，正經由訪談目擊者來調查一樁案件。你聽到一位目擊者的描述，接著是另一位的，如此這般地訪談了20位目擊證人。有些描述有類似之處，像都是同樣一批人或都在同樣的犯案現場。有些描述則有不同之處，像是誰犯了案或是逃離的車子是什麼顏色的。從這一堆描述中，你可以去除重覆部分，總結出事件可能發生的過程。之後，當警長問你是什麼樣的情況時，你就能有效傳達這個總結資訊。

大腦神經元也會發生類似的情況。你會有一個大的神經元（警探）同時接收到活化頻率不同的大量小神經元（目擊者）所傳來的訊號。大神經元不會將小神經元的所有訊號全部呈現出來；它會經由去除多餘部分來總結訊號，或也可以說是進行**壓縮**。壓縮之後，大神經元就能有效率地將總結資訊傳達給其他神經元。

這種神經壓縮過程在你的大腦中大規模運作。這種壓縮從大腦皮質中的小神經元開始，這些小神經攜帶著從眼、耳與其他感官所傳來的感覺資訊[5]。有些資訊是大腦已經預測到的，有些則是新的。新的感覺資訊從小神經元傳送到較大且連線也較密集的神經元上，這些神經元會將資訊壓縮**總結**。這些總結資訊會被傳送到再大一點且連線也更密集的神經元上，而這些大一點的神經元會對這些總結資訊再進行壓縮，並將壓縮後的資訊傳送到比它們更大、且連線還要更密集的神經元上。整個過程一直來到大腦中

後腦：
較小神經元，連線較不密集，帶有感覺細節的資訊

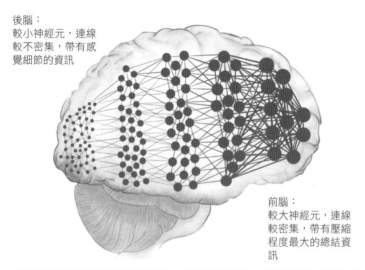

前腦：
較大神經元，連線較密集，帶有壓縮程度最大的總結資訊

大腦中的壓縮力可以產生摘要資訊。（這只是示意圖，並非真的解剖結構。）

連線最密集的前端，那裡有著最大且連線最為密集的神經元，這些神經元創造出壓縮程度最大的整體總結資訊。

是的，你的大腦可以壓縮出大量總結中的總結中的總結。這跟社會現實有什麼關係呢？嗯，壓縮讓大腦可以進行**抽象／摘要式**思考[6]，而抽象／摘要（abstraction）與5C中的其他4個C，可以一起強化大又複雜的大腦去創造出社會現實。

通常人們談論到抽象／摘要（abstraction）時，指的是抽象藝術這類東西，像是你要怎麼看懂畢卡索的畫，能在其中的方塊中看到一張臉；或是指抽象數學，像是運用代數讓物體繞自軸旋轉；或是指抽象符號，例如用墨水在紙上畫出的彎曲線條來代表數字，以及用一排數字來代表你當月的支出。

但抽象／摘要在心理學中卻著重在不一樣的含義上。它無關繪畫與符號的細節，而是有關我們理解其意義的**能力**。具體來說，就是我們有能力可以看出事物的功用，不只是它們的外型。抽象／摘要讓你看到一瓶酒、一束花與一只金錶等外型不同的東西時，卻能了解到它們都是「用來祝賀的禮物」。你的大腦壓縮掉這些東西外型上的不同，並在過程中讓你了解它們都有類似的功用。

抽象／摘要也讓你可以對同個實體物品賦予諸多功能。像是一杯酒在你朋友大喊「恭喜！」時代表一種意思，

在牧師吟誦著「基督之血」時又是另一種意思了。

　　抽象／摘要運作的方式如下，當你的大腦壓縮所有的感覺資訊時，它會將所有資訊整合成一個整體，也是我們之前所謂的感覺統合。每次你的一個神經元將輸入資訊壓縮成總結時，這個多元感覺的總結就是輸入資訊的抽象／摘要概念。在你的前腦部位，最大且連線又最密集的神經元產生出最抽象／摘要且感覺最多元的總結資訊。這就是為什麼你可以將花與金錶這樣不同的東西看作是類似之物，卻認為同樣一杯酒是不同的（用來祝賀或是用於宗教儀式）。

　　我在第二堂課中提過，人類有著高複雜度的大腦，但只有高複雜度還不足以產生人類心智。複雜度或許可以協助你爬上不熟悉的樓梯，但你需要更多才能去了解爬上社會階級以取得力量與影響力的這種想法。抽象／摘要就是另一個必要成分。它讓你的大腦總結過去的片段經驗，好去了解外型不一樣的東西可能在某些方面是類似的。抽象／摘要給你能力去辨識你從未見過的東西，比如說一個滿頭頭髮都是蛇的女人。你可能沒有真正見過這樣的人，但你（以及古希臘人）一看到梅杜莎（Medusa）的圖片時，馬上就能理解出這是她。因為大腦很神奇地能將**女人**、**狂野頭髮**、**扭動的蛇**與**危險**這類熟悉的想法集合起來，形成協調的心智意象。抽象／摘要也讓你的大腦將聲音併入文

字之中，並將文字併入想法之中，因此讓你可以學習語言。

　　簡而言之，大腦皮質的連線讓壓縮得以成真。壓縮讓感覺統合成真，而感覺統合又讓抽象／摘要得以成真。抽象／摘要讓高複雜度的大腦能以物品功能而非外型為基礎，靈活產生出預測。這就是創造力。接著你可以經由溝通力、合作力與模仿力來分享這些預測。這就是5C如何賦予人類大腦能力去創造與分享社會現實的方式。

　　其他動物身上也找得到不同程度的各項5C。舉例來說，烏鴉是具有創造力的問題解決者，牠們會用樹枝作為工具。大象運用可以傳播數公里遠的低沉聲音來溝通。鯨魚會模仿彼此的歌聲。螞蟻會合作尋找食物，並捍衛自己的巢穴。蜜蜂會運用抽象／摘要的能力，擺動尾端向其他夥伴傳達出哪裡可以找到花蜜的資訊。

　　然而只有在人類身上，5C會交織結合，彼此強化[7]，讓我們可以將事物提升到完全不同的境界。鳴鳥會向成年的鳥兒學習唱歌；而人類不只學會要怎麼唱歌，還學會了唱歌的社會現實，像是什麼樣的歌曲有渡假的氣氛。貓鼬會帶給幼鼬奄奄一息的獵物做練習，教導牠們怎麼獵殺；而我們不只學到怎麼獵殺，還知道意外致死與謀殺的差異，並對這兩者發明了不同的罰則。老鼠會在可食用的東西上留下某種氣味來教導其他老鼠什麼是可以安全食用的東西；而我們不只學會什麼可以吃，還學會了自己文化中的主菜

與點心是什麼,以及要用什麼餐具來進食。

　　某種程度上,狗、大猩猩與某些鳥類等的其他動物也有著可以壓縮訊號的大腦,所以牠們可以對事物有某種程度上的抽象/摘要了解。不過,就我們目前所知,人類是唯一一種大腦足以壓縮與抽象/摘要到創出社會現實的動物。一隻狗或許能建立自己的社會規則,像是這塊草皮是要跟人玩耍的,或是房子裡不可以大便。但狗的大腦無法將這些概念有效傳達到其他狗兒的大腦中,因為牠們的大腦不像人類大腦可以運用文字語言來傳達概念以建立社會現實。黑猩猩可以觀察與模仿彼此的行為,像是將一根棍子插入白蟻的洞中,好拔出美味的點心,但這項學習要建立在物理現實上,也就是說,棍子的大小要能插入白蟻的洞中,這不是社會現實。若一群猩猩們同意將某根棍子拔出來的猩猩就可以在森林中稱王,那就是社會現實了,因為這在棍子上賦予了實物本身沒有的稱王功能[8]。

　　大多數動物演化出的適應能力都讓牠們成為自己生態區位中的專家,例如麋鹿的鹿角或是食蟻獸的舌頭。但人類則是成為了通才,演化將5C混合成一劑魔藥,激勵我們以自己的意志塑造世界。所有動物的大腦在牠們的物理環境中會忽略其他物件,只關注在與牠們生存及福祉有關的物件上。但人類不只會從物理世界中挑選事物來創造我們的生態區位,我們還會共同為世界**賦予**新功能,也跟它們

共存。社會現實是人類生態區位的建設。

　　社會現實是驚人的禮物。你可以簡單地編造東西，例如迷因（meme；指在網路上突然爆紅的事物）、傳統或法律，若是有其他人認為這是真的，那它就會變成真的。我們的社會世界是以物理世界為基礎所建造的緩衝。作家琳達・巴利（Lynda Barry）曾寫道：「我們不是為了要逃離現實而創造幻想世界，我們是為留在現實中所以創造幻想世界。」[9]

　　社會現實也可能是個巨大責任。它是如此強大，足以改變我們基因演化的速度與過程。羅馬尼亞孤兒就是一個悲慘的例子，政府的規範創造出實際上會被基因池淘汰的世代。另外一個例子是中國的一胎化政策，在一個重男輕女的文化中，這個政策導致下一代的男性多過女性，最終使得數百萬中國男性找不到中國女性結婚。這類人為選擇在每個社會都會發生，富有的社會階級或是戰爭賦予了某個群體壓過其他群體的力量，它改變了某些人彼此孕育下一代的機會，或甚至是任何機會。當我們只是單純分享我們的創新想法（像是燃燒化石燃料的技術），社會現實甚至會改變人類演化的過程，因為這已經產生出我們較難掌控的物理世界了。

　　關於社會現實真正令人感到吃驚的是，我們沒有意識到創造它的是我們自己。人類大腦誤解自身，並將社會現

實誤解為物理現實,這會導致各種問題。舉例來說,人類
就跟每種動物一樣,個別差異都很大。但人類跟動物王國
中的其他動物不一樣,人類會將其中一些差異分類到標示
有種族、性別與國籍的小盒子中。我們看待這標籤盒的方
式就好像它們是大自然的一部分,而它們其實是我們建造
出來的。我在這裡的意思是,「種族」的概念常包含膚色之
類的實質特徵[10],但膚色是漸進式的,一種膚色與另一種膚
色的界線是由在社會中的人類所界定與維持的。有些人試
著以基因學來證明這個界線的合理性,但是,雖然基因對
膚色的影響確實極大,然而眼睛顏色、耳朵大小與腳趾甲
的彎曲程度也都受到基因影響。代表某一個文化的我們,
選擇出用於區別的特徵並劃下界線,擴大了我們稱為「我
們」與「他們」的群體差異。這些界線不是隨機的,但也不
是由生物學所規定。在界線劃分後,人們將膚色視為另一
種象徵。**這種象徵**就是社會現實了。

　　你經由自己的日常行為來維持社會現實。每次你將
閃閃發亮的鑽石看作有價值的東西、每次你將名人視為偶
像、每次你在選舉中投票與不投票時,你都在做這件事。
我們的行為也會改變社會現實。有時候這種改變很小,像
是用代名詞**他們**來指一個人而不是一個群體。有時改變卻
是災難等級的,像是前南斯拉夫的解體導致多年的戰爭與
種族滅絕,或是2007年經濟大蕭條那時,有些西裝筆挺的

人士決定降低一堆抵押品的價值，所有這些東西的價值確實下降了，但也使得世界陷入災難之中。

　　社會現實有它的限制，畢竟它受限於物理現實。我們可以覺得揮動手臂就是在空中飛翔，但這不是真的飛起來。即使如此，社會現實還是比你所想的更能擴展。人們可以認為恐龍不存在，忽略所有相反證據，並建立一個認定過去沒有恐龍的博物館。我們可能會有個說出糟糕事情的領導者，而且過程全都被錄影下來，但之後的新聞媒體卻當做沒這回事。這就是發生在極權社會中的情況。社會現實可能是人類最偉大的成就之一，但它也是我們可以對付彼此的武器。它很容易就可以操縱。民主本身就是社會現實。

　　社會現實是從人類大腦整體所產生的強大力量。它給了我們掌控自己命運、甚至影響人類演化的可能性。只要我們攜手合作，我們可以創造抽象／摘要概念、分享這些概念、將它們交織構成現實，並征服無論是自然的、政治的或社會的任何環境。我們對現實的掌控比自己所想得還要多。我們對現實的責任也比自己所意識到得還要多。

　　每一種類型的社會現實都是一條界線。有些界線對人們有益，像是交通法規可以避免車禍；其他界線則可能對某些人有益，卻對某些人有害，像是奴隸制度與社會階級。人們會爭論這類界線的道德，但無論你喜歡與否，當我們每個人都在強化這些界線時，我們就該負起一些責

任。而當你知道自己握有強大力量時，這份力量就能達到
最好的運作效果。

後 記

　　很久很久以前，你是根附有胃的棍子，飄浮在海洋中。你一點一點地演化，長出了感覺系統，了解到自己是更大世界中的一部分。你長出了許多身體系統，好在世界中有效率地遊走。你長出了可以執行身體預算的大腦。你學習與其他身體內的小小大腦一同群居。你爬出水面，走上陸地。跨越整個演化歷程，伴隨著試誤與無數動物死亡所帶來的創新，你最終有了人類大腦。這是一個可以從事許多驚人事物的大腦，但同時也是個嚴重誤解自身的大腦。

➤ 大腦建構了如此豐富的心智體驗，以至於我們感覺起來像是情緒與理性在內心中交戰。

➤ 大腦是如此地複雜，以至於我們會用比喻來描述，並將比喻誤解為實際情況。

➤ 大腦非常擅於自我重新連線，以至於我們以為自己天生就具有各式各樣的東西，其實那是我們學習而來的。

➤ 大腦非常有效率地產生幻象，以至於我們相信自己客觀看待世界，因而太快做出預測，導致我們產生了

錯誤的反應行動。

➤ 大腦以無形的方式調節其他大腦，以至於我們誤以
為我們各自獨立。

➤ 大腦創造了如此多種的心智，以至於我們誤認有可
以解釋全部心智的單一人性存在。

➤ 大腦非常相信自己的發明，以至於我們將社會現實
誤認為是真實存在大自然中的世界。

今日我們對於大腦已經有諸多了解，但仍有許多課程
尚待學習。到目前為止，我們所學的至少已足以勾勒出大
腦夢幻般的演化歷程，也足以思考其對我們人生中最為核
心且最具挑戰的層面上具有什麼樣的意義。

我們的大腦不是動物王國中最大的大腦，客觀上來
看，它也不是最好的。但這是我們的大腦，它是我們優缺
點的來源。它給了我們建立文明與相互撕殺的能力。它讓
我們成為簡單、不完美但又極其輝煌的人類。

謝 誌

　　這本書能夠出版要感謝許多人士，特別是永遠以和顏悅色的包容態度在專業上指導我、引領我閱讀，並耐心回答我無止盡問題的神經科學家們。首先最要感謝的就是無與倫比的芭芭拉‧芬萊（Barbara Finlay）。芭芭拉是演化暨發展神經科學的行家。她有如百科全書般的知識時常讓我感到吃驚，她指導我胚胎學的精妙，並持續帶領我從演化與發展的觀點來品嘗綜合了神經解剖學與神經科學議題的大餐。沒有芭芭拉，就沒有本書的前 $\frac{1}{2}$ 堂課與第一堂課，而其他堂課中也留有她的蹤跡。芭芭拉與我目前正合作撰寫一本教科書，內容有關脊椎動物在動機與情緒上的演化與發展，這本書將由麻省理工學院出版社發行。

　　我也非常感謝長期與我合作的朋友神經科醫師布萊德‧狄克森（Brad Dickerson）。我們在波士頓的麻省總醫院（Massachusetts General Hospital）合作大腦影像的研究已經超過10年，我們也共同發表了超過30篇的研究論文。我特別感謝他願意遷就我的一堆科學猜想。還要特別感謝邁克‧紐曼（Michael Numan），在我開始接受神經科學教育時，

他是第一位鼓勵並支持我的神經科學家。

還有許多在過去與現在曾與我合作的神經科學家我尚未提及，我也要深深感謝他們，我從他們身上獲益良多。以下按英文字母順序列出：Joe Andreano, Shir Atzil, Moshe Bar, Larry Barsalou, Marta Bianciardi, Kevin Bickart, Eliza Bliss-Moreau, Emery Brown, Jamie Bunce, Ciprian Catana, Lorena Chanes, Maximilien Chaumon, Sarah Dubrow, Wim van Duffel, Wei Gao, Talma Hendler, Martijn van den Heuvel, Jacob Hooker, Ben Hutchinson, Yuta Katsumi, Ian Kleckner, Phil Kragel, Aaron Kucyi, Kestas Kveraga, Kristen Lindquist, Dante Mantini, Helen Mayberg, Yoshiya Moriguchi, Suzanne Oosterwijk, Gal Raz, Carl Saab, Ajay Satpute, Lianne Scholtens, Kyle Simmons, Jordan Theriault, Alexandra Touroutoglou, Tor Wager, Larry Wald, Mariann Weierich, Christi Westlin, Susan Whitfield-Gabrieli, Christy Wilson-Mendenhall 以及 Jiahe Zhang。

我也非常感謝勇於與我合作的工程暨電腦科學家們，他們不斷教導我動力系統、複雜度與其他電腦相關主題，讓我成為一位更好的神經科學家。謝謝 Dana Brooks, Sarah Brown, Jaume Coll-Font, Jennifer Dy, Deniz Erdogmus, Zulqarnain Khan, Madhur Mangalam, Jan-Willem van de Meent, Sarah Ostadabbas, Misha Pavel, Sumientra Rampersad, Sebastian Ruf, Gene Tunik, Mathew Yarossi 以及東北大學（Northeastern

University）PEN團隊的其餘人士。也謝謝Tim Johnson與Tom Nichols兩位統計學家。

此外，若是沒有霍頓‧米夫林‧哈考特出版社（Houghton Mifflin Harcourt）編輯艾利克斯‧利特菲爾德（Alex Littlefield）的無盡熱情與專業指導，這本書就不會誕生，我要特別感謝他的細心閱讀，以及鼓勵我將複雜的大腦觀察發現與身為人類的意義整合在一起的偉大想法。在這方面，我還要感謝《紐約時報》的詹姆斯‧瑞爾森（James Ryerson），他在我於神經科學、心理學與哲學浪潮中航行並壯大自己聲音之際，給了我指引。

這本書還從凡‧楊（Van Yang）的藝術技巧與好奇心中受益，其團隊的巧妙插畫讓科學變得活靈活現。我特別感激他想向廣大讀者傳遞科學知識的衷心希望。也要感謝設計顧問亞倫‧史考特（Aaron Scott），他的專業知識、敏銳眼光與創造力在這超過10年的時間中，幫助我將複雜的科學想法轉變成為可以理解的圖像。

感謝霍頓‧米夫林‧哈考特出版社的製作與行銷團隊，謝謝Olivia Bartz, Chloe Foster, Tracy Roe, Chris Granniss, Emily Snyder, Heather Tamarkin，特別是厲害的公關專家Michelle Triant。也要謝謝我的經紀人馬克斯‧布羅克曼（Max Brockman）持續的熱情與支持，以及他在布羅克曼版權代理公司的團隊：Thomas Delaney, Evelyn Chavez, Breana

Swinehart 以及 Russell Weinberger。

　　預先看過這本書的優秀科學家及朋友們，依據自己的專業知識提供了寶貴的意見、評論與想法，讓本書能有顯著的改進。非常感謝他們，以下按字母順序列出：Vanessa Kane Alves, Eliza Bliss-Moreau, Dana Brooks, Lindsey Drayton, Sarah Dubrow, Peter Farrar, Barb Finlay, Ludger Hartley, Katie Hoemann, Ben Hutchinson, Peggy Kalb, Tsiona Lida, Micah Kessel, Ann Kring, Batja Mesquita, Karen Quigley, Sebastian Ruf, Aaron Scott, Scott Sleek, Annie Temmink, Kelley Van Dilla 與 Van Yang。我還要感謝幾位人士對某幾堂課的細心審稿，謝謝第二堂課的 Olaf Sporns 與 Sebastian Ruf、第三堂課的 Dima Amso、第四堂課的 Ben Hutchinson 與 Sarah Dubrow。

　　我也由衷感謝東北大學與麻省總醫院跨學科情感科學實驗室（Interdisciplinary Affective Science Laboratory）的同事與學員。本書內容中的許多素材，是取材自實驗群組內才華洋溢的年輕科學家正在討論以及研究的主題。組內過去與現在所有成員的名單都列在 affective-science.org 網站上。我要特別感謝 Sam Lyons 以極快的速度檢索沒完沒了的大量所需研究論文，也要特別感謝我們實驗室的共同主持人凱倫·奎格利（Karen Quigley）。凱倫是身體周邊生理學、內感受與整體調節的資深專家。我們總愛開玩笑地說，她對身體的知識加上我對大腦的知識，我們兩個就能造出一個

完整的人了。

我也要感謝東北大學心理學系，特別是系主任喬安・米勒（Joanne Miller）。心理學系對我的支持與耐心，讓我得以同時勝任神經科學家及心理學家，更不用說還能向大眾推廣科學了。

來自古根漢基金會（the John Simon Guggenheim Foundation）的獎金以及來自史隆基金會（the Alfred P. Sloan Foundation）的書籍贊助金，讓這本書得以成真。我深深感謝這兩個基金會的慷慨支持。

最重要的是，我要向兩個我最愛的大腦奉上廣大無限的謝意，謝謝我的女兒蘇菲亞與我的丈夫丹對我的激勵與寬容，以及平衡我整個身體的預算。

科學背後的科學

　　這份附錄補充了本書內容中某些題材的重要科學細節，也解釋了科學家依然爭論的一些觀點，並表揚了貢獻書中某些想法與妙語的科學家們。本書的所有參考文獻都條列在網頁（sevenandahalflessons.com）上。大部分的附錄列項上也提供了相關網頁的連結。

　　科學著作的最大挑戰就是得決定要刪去什麼樣的內容。科學作家就像雕塑家一樣，得將複雜的材料小部分小部分地慢慢削下，直到成為讓人眼睛為之一亮且看得懂的成型作品為止。從嚴謹的科學角度來看，最終結果必然不完整，但（我希望）內容已足夠正確，不會冒犯到大多數的專家學者。

　　內容「足夠正確」的例子就好比書中提到「人類大腦

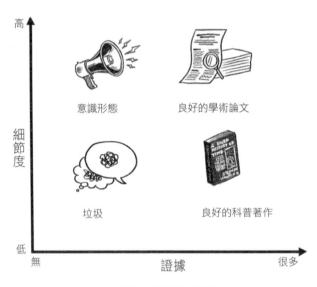

為大眾書寫科學著作的挑戰。

大約是由1280億個神經元所組成」。此估計值可能會與你所讀到的某些其他估計值不同，因為我還涵蓋了組成小腦的神經元。小腦是在運用觸覺與視覺等感覺來協調身體動作的重要腦部構造。有些研究論文可能低估了小腦神經元的數量。即使如此，我的估計值仍不完整，因為大腦還有690億個非神經元的其他細胞，就是所謂的神經膠質細胞，這種細胞擁有數量驚人的生物性功能。但1280億的這個數字，已經可以說明「大腦是由許多部分所組成的複雜網絡」這個重點，而這也是第二堂課的重要概念。

★前 $\frac{1}{2}$ 堂課：你的大腦不是用來思考的

1. 第29頁「在五億五千萬年前，文昌魚就已經出現在海洋中」：這種亦稱為蛞蝓魚（lancelets）的遠古生物今日仍然存在。從以下情況可以看出文昌魚是我們在演化上的遠房親戚：人類是脊椎動物就代表我們擁有主幹骨與神經索，所謂的脊柱就是主幹骨，而所謂的脊髓就是神經索。文昌魚不是脊椎動物，但牠有一條從頭連到尾的神經索。牠們也有像主幹骨的脊索（notochord），脊索不是由骨頭所構成，而是由纖維組織與肌肉所構成。文昌魚與脊椎動物都隸屬於脊索動物門（chordates; phylum Chordata）這個較大的動物分類項目中，所以我們擁有共同的祖先（之後會詳細介紹這個共同祖先）。

在文昌魚身上找不到用來區分脊椎動物與無脊椎動物的各種特徵，牠們沒有心、肝、胰或腎，也沒有與這些器官相關的身體內部系統。但文昌魚確實有一些可以調節畫夜節律（circadian rhythm）以及產生睡眠與清醒周期的細胞。

文昌魚沒有明顯的頭部或任何在脊椎動物頭上可以看到的感覺器官，像是眼、耳、鼻等等。文昌魚在最前端的一側有一小群稱為眼點（eyespot）的細胞。這些細胞具有感光性，可以偵測明顯的明暗變化，若是有片陰影蓋住了文昌魚，牠就會移走。眼點的細胞與脊椎動物的視網膜有一些共同的基因，但文昌魚沒有眼睛，也看不見東西。

文昌魚也沒有嗅覺或味覺。牠的皮膚裡有些細胞可以偵測水中的化學物質，這些細胞帶有類似脊椎動物嗅球中的一些基因，但目前還無法確定這些基因所運作的功能是一樣的。文昌魚體內也有一叢毛細胞可以讓牠的身體在水中定向與平衡，或許還可以在游動時感覺到加速度，但文昌魚不像脊椎動物有著具有毛細胞的內耳可以聽到聲音。

文昌魚也無法定位與接近食物，牠只會吃下海流送來的任何微小生物。牠具有可以偵測出食物**沒有了**的細胞，並且會隨機往某個方向扭動以期可以吃到東西（其實就是細胞發出「**任何地方都比現在這裡要來得好**」的訊號）。請參考網頁：7half.info/amphioxus。

2. 第30頁「只有小小一團還稱不上大腦的細胞」：科學家們仍在爭論文昌魚是否有大腦。這全都取決於「大腦」與「不是大腦」的界線劃在哪裡。演化生物學家亨利·吉（Henry Gee）為這個情況下了相當不錯的總結：「海鞘（tunicates）或文昌魚體內都沒有看起來像脊椎動物大腦的東西，不過都有脊椎動物大腦藍圖的蛛絲馬跡……如果你看得夠仔細的話。」

科學家都非常同意，在文昌魚脊索前端可以找到脊椎動物大腦大略的基因草圖，這份草圖至少已經存在了五億五千萬年了。但這並不代表在文昌魚脊索前端發現的

基因就與在脊椎動物大腦中的基因具有一樣的功能，或是能產生同樣的構造。（關於兩個物種具有類似基因的詳細意義請參考第一堂課附錄項目「**爬行動物與其他哺乳動物跟人類有著同樣的神經元**」。）這就是科學爭論開始的地方。文昌魚有一些將脊椎動物大腦組成重要分區的分子模式，但科學家對於哪個區域是草圖所勾勒出來的以及哪些區域指示並不存在有了爭論。而文昌魚身體中所出現的到底是哪個區域也是爭論議題。同樣地，即使文昌魚本身沒有頭部，牠還是有頭部所需的前期基因基礎。

　　有關文昌魚的更詳細討論，請參考亨利・吉的《跨過這座橋：了解脊椎動物的起源》（*Across the Bridge: Understanding the Origin of the Vertebrates*）以及演化神經學家喬治・斯特里德特（Georg Striedter）與格倫・諾思古特（Glenn Northcutt）的著作《隨著時間改變的大腦：脊椎動物的自然歷史》（*Brains Through Time: A Natural History of Vertebrates*）。請參閱：7half.info/amphioxus-brain。

3. 第30頁「當你看著一隻現代的文昌魚時，你就是在看一個類似自己祖先的生物」： 科學家相信，我們跟文昌魚的共同祖先與現代文昌魚非常類似，因為文昌魚的環境（牠們的生態區位）在過去五億五千萬年間幾乎沒什麼改變，所以牠們無須太多的演化適應。相反地，脊椎動物跟海鞘之類的

脊索動物都歷經了大量的演化變遷。因此，科學家認為，我們可以經由研究現代文昌魚來了解所有脊索動物的共同祖先。

不過仍有部分科學家對於這些假設有不同論點，因為文昌魚似乎不可能在五億年的時間中**一點改變**都沒有。舉例來說，文昌魚的神經索（牠的中央神經系統）是從前端貫穿整個身體連到尾端去，但脊椎動物的脊髓末端則接到大腦起始之處。科學家爭論是否我們的共同祖先有著像文昌魚那樣的脊索，後來變短了並連上了演化產生的脊椎動物大腦，或者先有的是較短的脊索，後來經過演化而變長。也有好幾個其他類似的爭論（例如嗅覺的演化）存在。

有關我們類文昌魚遠古祖先的更進一步討論請參考亨利・吉的著作《跨過這座橋》請參閱：7half.info/ancestor。

4. 第30頁「為什麼會有像我們這樣的大腦演化出來？」：
「大腦是用來做**這個**的」以及「大腦演化是為了做**那個**」都是目的論（teleology）的例子，目的論的英文「teleology」一字是從希臘文「telos」衍生而來，意思為「終點」、「理由」或「目標」。科學與哲學當中討論了好幾種類型的目的論。最常見的目的論，亦即時常被科學家與哲學家制止的說法就是：**某種東西是專為一個最終目的而設計的**。有個例子就認為大腦是以某種向上進步的方向在進行演化的，像是

從本能到理性，或從低等生物到高等生物，而這並不是我在本堂課中所應用的目的論。

第二種類型的目的論，也就是我在本堂課中所應用的目的論是指：**某個東西是包含了目標但沒有最終目的之過程**。當我說大腦不是用來思考而是用來調節在特定生態區位中的身體時，我並不是在暗示身體預算（也就是整體調節〔allostasis〕）具有某種最終狀態。整體調節是預測與處理持續變化之環境輸入資訊的過程。所有大腦都會進行整體調節，但沒有從壞到好這樣循序漸進的發展。

心理學家伯達妮・奧亞列托（Bethany Ojalehto）、桑德拉・威克斯曼（Sandra R. Waxman）與道格拉斯・梅丹（Douglas L. Medin）研究跨文化人士如何思考自然世界。他們的研究顯示，本堂課中所應用的這類目的論陳述句，反映出對生物與環境間之關係的評斷。他們稱之為「需要前後脈絡的關係認知」。像「大腦不是用來思考的」這樣的句子本質上就是個關係性的陳述（它指的是大腦、各種身體系統與環境事物間的關係），並沒有反映出大腦是專為某個最終目的而設計的意思。

我的用語（例如：大腦不是用來思考的）也是出現在特定的前後文中——描述大腦功能方面的非學術文章中。這樣的用語只在它所應用的前後文中可以解讀出完整的意思。如果刪去前後文，很容易就會將這個陳述句誤判成第

一種有問題的目的論類型。整體調節當然不是造成大腦演化的唯一原因，它也沒有以某種循序漸進的方式驅動演化。大腦演化大部分是由隨機的天擇所驅動。大腦演化也會受到文化演化的影響，那是我在第七堂課中會提到的內容。請參閱：7half.info/teleology。

5. 第35頁「編列身體預算的科學名稱為整體調節（allostasis）」：整體調節不是影響大腦如何演化與如何運作的唯一原因，但它是個很重要的原因。整體調節是隨著時間運作的預測平衡過程，而不是尋找維持身體狀態至單一穩定點的過程（這不是恆溫器）。尋找單一穩定點的用語是**恆定狀態**（homeostasis）。請參閱：7half.info/allostasis。

6. 第36頁「從經濟層面來說，這得要是個值得付出代價的行動」：值得付出代價之行動的這個想法在經濟學領域已有眾多研究，就是經濟學中所謂的**價值**。請參閱：7half.info/value。

7. 第37頁「身體內部變得更為精密」：在你身體內的器官，例如心、胃與肺，被稱為**內臟**，它們各別是頸部以下的廣大內臟系統中的一部分，這些系統像是心血管系統、消化系統與呼吸系統。在心、腸、肺與其他器官中所產生的動

作被稱為**內臟運動**。大腦控制內臟系統，也就是大腦控制了內臟運動。大腦具有初級運動皮質以及皮質下的一整個結構系統來控制肌肉動作，同樣地，大腦也具有初級內臟運動皮質以及皮質下的一整個結構系統來控制內臟。像肺之類的一些內臟器官需要大腦來運作功能。不過心臟與腸道則有它們自己的內部規律，大腦中的內臟運動系統只進行微調。最後要提到的是：身體內還有其他通常沒有連接到任何內臟器官的系統，像是免疫系統與內分泌系統，而它們的變化也被泛指為內臟運動。

　　手腳、頭部與軀幹的運動所產生的感覺資訊會傳送到大腦那裡（具體一點的話，是傳送到體感系統中），同樣地，內臟運動所產生的感覺變化（所謂的**內感受**資訊），也會傳送到大腦中（內感受系統）。所有這些感覺資訊協助大腦在肢體運動與內臟運動上能有更好的控制。

　　今日對此的最佳科學推測是，脊椎動物內臟系統與內臟運動系統的演化伴隨著感覺系統的演化。在受精之後，當胚胎建造起自己的大腦與身體時，內臟系統與感覺系統則會從同樣的臨時細胞群組（所謂的神經脊〔neural crest〕）中出現。脊椎動物大腦中包含內臟運動與內感受系統的部分（所謂的前腦）也是這樣。神經脊是脊椎動物特有的，包括人類在內的所有脊椎動物身上都可以看到。

　　內臟運動系統與內感受系統在決定所有運作的價值上

扮演關鍵角色，但我們不能說它們是基於這個原因而演化出來的。其他天擇壓力對身體內臟系統與大腦內臟運動系統的演化都有貢獻，像是演化出需要新型管理維護的更大身體。舉例來說，地球上大多數動物的身體直徑都很小，其身體內部到外部世界間只有幾個細胞的距離。這樣的安排讓某些生理功能運作起來更容易，像是呼吸時的氣體交換，以及廢棄物的排除。在較大的身體中，身體內部與外部世界的距離變遠了，所以演化出新的系統來協助，像是將水打到鰓部以促進氣體交換的系統，以及用來排泄廢物的腎臟和更長的腸子。這些新系統讓脊椎動物變成了更強大的游泳者，也因此成為了更成功的掠食者。請參閱：7half.info/visceral。

★第一堂課：大腦只有一個（不是三個）

1. 第41頁「柏拉圖寫道，人類心智……」：柏拉圖寫的是心靈（psyche），這與我們現代對心智（mind）的理解不同。不過我在這裡採用了傳統口語上會將**心靈**與**心智**視為同義詞的作法。請參閱：7half.info/plato。

2. 第42頁「科學家後來就將柏拉圖的戰爭論套用到大腦上」：三重腦理論將神經科學與柏拉圖對人類心靈的想法融為一體。在20世紀初期，生理學家沃爾特‧坎農（Walter

Cannon）提出情緒（分別）是由視丘與下視丘這兩個大腦區域所引發與表現，而視丘與下視丘就位於據稱是理性皮質的大腦區域下方。今日我們知道，視丘是所有感覺資訊（除了形成氣味的化學物質之外）到達皮質的門戶。下視丘是調節血壓、心跳、呼吸頻率、出汗與其他生理變化的關鍵。在1930年代，神經解剖學家詹姆斯・帕佩茲（James Papez）提出專門處理情緒的「皮質迴路」。他的迴路不只涵蓋視丘與下視丘，還包括了因為鄰接皮質下區域而被認為是古老的皮質區域（扣帶皮質〔cingulate cortex〕）。這部分的皮質在50年前被神經科醫師保羅・布洛卡（Paul Broca）命名為邊緣葉（limbic lobe）。邊緣的英文「limbic」一詞源自於拉丁文的「limbus」（邊緣之意）。這塊組織鄰接大腦的感覺系統以及運動系統（掌管手腳與其他身體部位動作的運動系統）。布洛卡認為邊緣葉掌管了主要生存官能，像是嗅覺。在1940年代末期，神經學家保羅・馬克廉（Paul MacLean）將帕佩茲的「皮質迴路」轉變為發展完整的邊緣系統，並將它加進了他命名為**三重腦**的理論中。請參閱：7half.info/triune。

3. 第42頁「最外層，也就是部分大腦皮質」：許多包含**皮質**的大腦專有名詞可能會造成混淆。大腦皮質是層層堆疊的神經元，覆蓋住大腦的皮質下區域。人們普遍認為皮質中

有一部分在演化上是較為古老的部位，而且隸屬於邊緣系統（例如扣帶皮質），而皮質的另一部分則是在演化上較新的部位，這也是為何此部位被稱為新皮質的原因。此一區別衍生自對皮質如何演化的誤解，而這正是本堂課要探討的主題。

4. 第43頁「是最成功也最普遍為世人所接受的錯誤之一」：科學家通常會試著避免說出「某件事是事實或絕對是正確的或是錯誤的」這種說法。在現實世界中，事實在特定前後脈絡中，有可能是正確的，或也有可能是錯誤的。如同亨利・吉在著作《偶然的物種：對於人類演化的誤解》（*The Accidental Species: Misunderstandings of Human Evolution*）所述，科學是量化疑問的過程。然而在三重腦理論中，它使用了較為絕對的字詞卻被認為是合理的。馬克廉在1990年發表他的代表作《演化中的三重腦：在古老大腦功能中的作用》（*The Triune Brain in Evolution: Role in Paleocerebral Functions*）時，已有明確證據顯示三重腦理論是錯誤的。這個持續普及的理論就是個流於意識形態而非科學探索的例子。科學家努力避免流於意識形態，但我們畢竟是人，人有時會受到信念而非證據所主導。（請參考理查・李文丁〔Richard Lewontin〕的著作《意識形態的生物學：DNA教條》〔*Biology as Ideology: The Doctrine of DNA*〕）。犯錯是正常科學過程中的

一部分,當科學家承認錯誤時,他們就會擁有發現新事物的巨大機會。想要對此有更多了解,請參考斯圖亞特‧費倫斯汀(Stuart Firestein)的著作《失敗:為何科學是如此成功又無知:它是如何驅動科學的》(*Failure: Why Science Is So Successful and Ignorance: How It Drives Science*)。請參閱:7half. info/triune-wrong。

5. 第46頁「很有可能是我們共同祖先所擁有的神經元」: 這個假設的前提是,我們比較的動物其細胞沒有發生太多演化改變。

要推測兩種動物的大腦特徵是否可以回溯到共同祖先時(即使這些特徵以肉眼看起來是不同的),基因並非一切準則是很常見的情況,有時基因還會造成誤導。有些科學家會以其他的生物資料來源(例如神經元的連結)來決定兩個大腦結構是否來自共同祖先。有關此議題(也就是同源〔homology〕)的更詳細討論,請見喬治‧斯特里德特(Georg Striedter)的著作《大腦演化的原則》(*Principles of Brain Evolution*)以及斯特里德特與諾思古特(Northcutt)合著的《隨著時間變化的大腦》(*Brains Through Time*)。請參閱:7half.info/homology。

6. 第46頁「大腦會隨著演化而變大，它們會進行重組」：
這個想法來自神經生物學家喬治・斯特里德特。他將大腦
類比成公司，公司會進行重組以擴大經營規模。請參考斯
特里德特的《大腦演化的原則》。隨著演化時間的過去或是
經歷發展後，大腦的複雜度也有可能會降低，海鞘就是其
中一例。請參閱：7half.info/reorg。

7. 第47頁「劃分後再整合」：這個比喻讓本人的「老鼠與
人類初級體感皮質的比較」更具有說服力。身兼作家與大
廚的湯馬斯・凱勒（Thomas Keller）這樣解釋，如果你將好
幾種蔬菜放入鍋中一起煮，煮出來的東西只有單一融合的
味道，嘗不出個別食材的滋味。不過凱勒說，還有個更好
且更美味的料理方式：將每種蔬菜分別煮好，最後再一起
放入鍋中。現在每一口都是不同的複雜混合風味。這兩種
烹飪技巧的差異，基本上就是老鼠與人類初級體感皮質的
差異。老鼠的單一大腦區域就好像是所有食材都放進去一
起煮的那一鍋，而人類的四個大腦區域則像是分別用不同
食材下去煮的四個鍋子。以第二堂課的術語來說的話，運
用四個鍋子的技巧具有較高的複雜度。請參閱：7half.info/
keller。

8. 第47頁「爬行動物與其他哺乳動物跟人類有著同樣的神經元」：我在這裡的意思是具有相同分子特性（具有特定基因或特定基因序列）的神經元，而具有相同的分子特性即代表會進行同樣的基因運作（例如製造相同的蛋白質）。在發現到某特定基因的每一動物體內，這個基因不見得都會製造相同的蛋白質。兩種動物可以擁有相同的基因，但那些基因可能會有不同的作用或產生不同的結構。即使在同一隻動物體內，某個基因網絡還是可以在不同的生長時期進行不同的基因運作。想要有更清楚的解析及實例，請參考亨利·吉的《跨過這座橋》。這裡最重要的觀察發現是，兩種生物的神經元可以具有某些在此兩種生物中功能一樣的基因，但這些神經元在組織的方式上可能會有所不同，而造成大腦的外觀差異甚大。請參閱：7half.info/same-neurons。

9. 第47頁「通用大腦建構藍圖」：這項研究起源自演化暨發展神經科學家芭芭拉·芬萊那裡，她稱此為「轉譯時間」模型。芬萊建立了數學模型來預測動物發展中大腦271項事件發生的時間點，其中某些事件包括了神經元什麼時候創造出來、軸突什麼時候開始成長、連結什麼時候建立與精進，髓鞘什麼時候開始包覆軸突，以及大腦容量什麼時候開始改變及擴大。芬萊的模型計算出在某些哺乳動物身上所有發展事件所需的天數。這些哺乳動物包括了18種已被

研究的哺乳動物，甚至還包括了一些原始模型中未包含的哺乳動物。如果將她模型的預測時間點與大腦形成的實際時間點相比對，相關性達到驚人的 0.993（在 -1.0 到 1.0 的範圍中）。這意味著，對所有已研究的動物而言，事件發生的順序幾乎相同，牠們都可以用單一模型來解讀。

除此之外，在各種哺乳動物大腦中發現的基因，提供了與轉譯時間模型一致的分子遺傳證據。有頜魚類的大腦細胞也包含了這些基因。有些基因可以回溯到文昌魚身上，而且文昌魚與人類的共同祖先身上可能也擁有這些基因。因此，單純根據基因證據是可以合理認為全部有頜脊椎動物都擁有通用建構藍圖（或至少有其中一部分）。請參閱：7half.info/manufacture。

10. 第49頁「人類大腦沒有新的部分」： 支持芬萊通用大腦建構藍圖假設的證據，說服了身為神經科學家的我。不過，對此有興趣的讀者要知道，仍有部分科學家堅持人類大腦的某些特徵（如前額皮質）演化得比按比例放大的大腦還要大。我的看法是，人類大腦獨特的能力是來自大型大腦皮質的結合（提醒一下，這裡的大型就只是大的意思，並不代表在所有大腦中超出預期的大）以及某些皮質部位（包括前額皮質的上幾層）的神經元連結增強。包括我在內的部分科學家認為，這些特徵賦予人類藉功能而非外型來了解

事物的能力，就如同我在第七堂課及之前著作《情緒跟你以為的不一樣——科學證據揭露喜怒哀樂如何生成》（*How Emotions Are Made: The Secret Life of the Brain*）中所討論的那樣。請參閱：7half.info/parts。

11. 第51頁「**沒有專司情緒的邊緣系統**」：即使邊緣系統只是神話，大腦還是有著被稱為邊緣迴路的東西。邊緣迴路的神經元會連結到腦幹的神經核上，而這些神經核會調節自主神經系統、免疫系統、內分泌系統與其感覺資訊可以創造內感受的其他系統（也就是體內感覺的大腦代表）。邊緣迴路沒有專司情緒，而且也遍布在多個大腦系統中。邊緣迴路包括了像下視丘與杏仁核中央核的這類皮質下結構、像海馬迴與嗅球這類的異皮質結構（allocortical structures），以及像扣帶皮質與腦島前部這類的部分大腦皮質。請參閱：7half.info/limbic。

12. 第51頁「**三重腦理論與它在情緒、本能需求與理性之間的史詩戰爭，只是個現代神話**」：科學有些深植其中的神話，三重腦理論就是科學神話悠久歷史裡的其中一則。這段歷史裡還有許多趣事。18世紀時，認真的科學家相信熱是由稱為熱量的神 流體所創造，也相信燃燒是由一種名為燃素（phlogiston）的虛構物質所引發。19世紀的物理學家

堅持宇宙充滿了名為乙太（luminiferous ether）的無形物質，而乙太是能讓光波傳遞的物質。同時代的醫療專家將瘟疫之類的疾病歸咎於瘴氣（miasmas）上。每個神話被推翻之前，至少都存活並取代科學事實100年以上的時間。請參閱：7half.info/myths。

13. 第52頁「我們只是一種有趣的生物」：這個想法出自亨利・吉的著作《偶然的物種》。請參閱：7half.info/interesting。

★第二堂課：大腦是個網絡

1. 第58頁「大腦是個網絡」：大腦網絡是由相互連結的神經元所構成的較小網絡或子網絡再組合而成的。每個子網絡都是神經元鬆散的結合，隨著子網絡的運作，神經元會持續地加入或離開這個網絡。可以想像成一支擁有12到15個隊員的籃球隊，每次只能有5個隊員上場的情況。隊員在比賽中上上下下，但我們仍將在場上的人視為同一支球隊。同樣地，即便創造子網絡的神經元換來換去，但是子網絡仍就維持一定。當結構上不同的元件（像是神經元群）執行同樣的功能時，這種變異性就成了簡併的例子了。請參閱：7half.info/network。

2. 第59頁「1280億個神經元所連成的單一龐大且靈活的網絡結構」：我估算人類大腦平均擁有1280億個神經元，這個估計值可能會比你在其他資料上看到的來得高，通常引用的數值是850億個神經元。這個差異是因為計算神經元數量的方法不同所致。一般而言，科學家估計大腦神經元數量時會採用立體測量法（stereological methods），立體測量法會運用機率與統計從大腦組織的二維影像來估計神經元的三維結構。1280億的這個數值出自一篇運用光學分離器（optical fractionator）這種立體測量法的研究論文。這種測量法測出，包含大腦皮質、海馬迴與嗅球的人類大腦中大約有190億個神經元，另外在小腦中還有1090億個顆粒細胞（granule cells），再加上小腦中還有2800萬個普金斯神經元（Purkinje neurons）。而850億這個常見數值則是來自另一個名為等向性分離器（isotropic fractionator）的方法，這個方法較為簡單迅速，但系統性地略去了一些神經元。請參閱：7half.info/neurons。

3. 第59頁「『大腦是個網絡』可不是個比喻」：大腦不是**像**網絡一樣，而是大腦**就**是個網絡，這代表大腦的功能與其他網絡類似。**網絡**一詞在這裡是個概念而非比喻。它有助於讓你聯想到其他你所知道的網絡，來協助你更了解大腦網絡是什麼，以及它要如何運作。

4. 第59頁「一般來說，每個神經元看起來就像一棵小樹」:
人類大腦有形狀大小不同的各類神經元。我在課程中所描述的那類神經元是在大腦皮質中的錐體神經元（pyramidal neuron）。

5. 第59頁「我會把這整個排列簡稱為大腦『連線』」: 我使用**連線**這個簡單用語來代表更具體的細部結構。一般來說，神經元由細胞體、樹突及軸突所構成；樹突是位於上方的一些枝狀結構（可想像成樹冠），而軸突則為細長的突起，並在底部有根狀結構。每條軸突都比頭髮還要細，其端點有顆被稱為軸突末端的小球，這顆小球充滿了化學物質。樹突上佈滿了接收化學物質的受器。通常神經元的軸突末端會接近數千個其他神經元的樹突，但它們並沒有直接接觸，中間的空隙稱為突觸。當神經元的樹突偵測到化學物質的出現後，就會將電訊號向下傳送到軸突，並一直傳送到末端來進行「活化」，而軸突末端則會釋出神經傳導物質到突觸中，然後神經傳導物質附著到其他神經元樹突的受器上。還有像神經膠質細胞這樣的細胞會協助整個過程，並避免化學物質外漏。這就是神經化學物質如何激發或抑制接收神經元以及改變活化速率的方式。經由此一過程，單一神經元可以影響成千上萬個其他神經元，而成千上萬個神經元也可以同時影響單一個神經元。這就是運作

中的大腦。請參閱：7half.info/wiring。

6. 第65頁「這個區域通常被稱為視覺皮質區」：「看見」代表什麼意思？你對世界萬物有意識的體驗（例如看著你的手或是手機）有一部分是由枕葉皮質的神經元所創造的。不過即使這些神經元受損，還是可以到處行走。若你在初級視覺皮質受損者的前面放置一個障礙物，那人不會有看到障礙物的意識，但會繞過障礙物。這個現象稱為盲視（blindsight）。請參閱：7half.info/blindsight。

7. 第65頁「若蒙上人們的雙眼」：對蒙眼者學習點字所進行的研究，是神經元具有多種功能的另一項證明。當科學家以跨顱磁刺激（transcranial magnetic stimulation）的技術來中斷初級視覺皮質的神經元活化時，受測者讀起點字書變困難了，不過在取下眼罩及初級視覺皮質再次獲得視覺輸入之後，這個問題就消失了。請參閱：7half.info/blindfold。

8. 第68頁「一個系統具有多少複雜度」：具有複雜度不代表大腦在動植物歷史上或是自然界中，是循序漸進地從低複雜度演進到高複雜度，最終在人類大腦上達到巔峰。像猴子與蠕蟲之類的其他動物大腦也具有複雜度。請參閱：7half.info/complexity。

9. 第69頁「肉餅腦」：我從心理學家史蒂芬・平克（Steven Pinker）的著作《白板》（*The Blank Slate*）中獲得這個命名的靈感，平克將「質地一致的肉餅」心智描述為「被賦予單一力量的同質球體」。請參閱：7half.info/meatloaf。

10 第69頁「瑞士刀腦」：演化心理學家勒達・科斯米德斯（Leda Cosmides）與約翰・托比（John Tooby）將人類心智描述為像瑞士刀一樣，因此給了我瑞士刀腦的靈感。請參閱：7half.info/pocketknife。

11. 第69頁「一把有著14種工具的瑞士刀」：有著14種工具的瑞士刀其複雜度的背後，有著一些數學運算。在瑞士刀工具的特定配置，也就是我所謂的模式上，每種工具會有兩種狀態：使用狀態或沒有使用狀態。對整把瑞士刀而言，有兩種狀態的14種工具會產生大約16000種的可能模式：

$$2 \times 2 \times 2 \times 2 \times 2 \times 2 \times 2 \times 2 \times 2 \times 2 \times 2 \times 2 \times 2 \times 2 = 2^{14} = 16,384$$

再加上第15種工具後，模式又加倍了：

$$2 \times 2 \times 2 \times 2 \times 2 \times 2 \times 2 \times 2 \times 2 \times 2 \times 2 \times 2 \times 2 \times 2 \times 2 = 2^{15} = 32,768$$

　　若每個工具都再多一個額外功能，也就是原先只有兩個狀態，現在則有三個狀態：第一項功能、第二項功能與沒有使用狀態。這樣瑞士刀就能產生超多的模式：

$3 \times 3 \times 3 \times 3 \times 3 \times 3 \times 3 \times 3 \times 3 \times 3 \times 3 \times 3 \times 3 \times 3 = 3^{14} = 4,782,969$

　　若繼續再增加一項功能則會產生4^{14}或268,435,456種模式,如此這般地增加下去。

12. 第72頁「神經元並非真的連在一起」: 這個觀察發現是由東北大學電機工程學系的同事戴娜‧布魯克斯(Dana Brooks)所提供。

13. 第72頁「物理學家有時會說光線像波動那般傳送」: 在這個比喻中,我指的不是波粒二象性的那個波,而是指在第一堂課附錄列項中的乙太神話。請參閱:7half.info/wave。

★第三堂課:幼兒大腦將自己與世界連線

1.第75頁「有許多剛出生的動物寶寶都要比人類新生兒來得更能適應環境」: 當然,也有許多剛出生的動物寶寶比人類新生兒更不能適應環境,像是老鼠、天竺鼠與其他囓齒動物的寶寶,牠們又盲又光溜溜的,而且只有花生米那般大小。

2.第78頁「一起活化的神經元會連成一氣」: 這句話出自神經科學家唐納‧赫柏(Donald Hebb)之口,這個現象更正式一點的名稱為赫柏原理(Hebb's principle)或赫柏可塑

性理論（Hebbian plasticity）。嚴格來說，神經元的活化並非同步，而是一個接著一個活化。請參考赫柏著作《行為的組織：神經心理學理論》（*The Organization of Behavior: A Neuropsychological Theory*）。請參閱：7half.info/hebb。

3. 第81頁「他們擁有的比較像是個燈籠」：「像燈籠那般的注意力」這句美妙的比喻是由研究兒童認知發展的心理學家艾莉森·高普尼克（Alison Gopnik）所提供。請參考她的著作《寶寶也是哲學家：兒童心智告訴我們真理、愛與生命意義是何物》（*The Philosophical Baby: What Children's Minds Tell Us About Truth, Love, and the Meaning of Life*）。

　　除了分享式注意力之外，還有別的能力可能對於打造像聚光燈那般的注意力也很重要。其中一個是大腦對頭部的控制力，這是在出生後最初的幾個月所發展出來的能力。另一個是對於眼睛肌肉的控制力，也就是所謂的眼動控制（oculomotor control），這在出生後最初的幾個月中會有進步。

　　我還要提醒大家注意的是，科學家還在爭論嬰兒天生帶有多少注意力，以及嬰兒可能會有什麼樣的注意力。許多研究幼兒發展的科學家認為，嬰兒是在基因的安排下去注意到世界上的某些特質（像是某個東西是活的、還是死了），而且後續的發展就建構在這些天生能力之上。請參

閱：7half.info/lantern。

4.第88頁「消除貧窮比除去它幾十年的後續影響還來得便宜許多」： 根據美國國家學院（National Academies of Sciences, Engineering, and Medicine）2019年的報告《減少兒童貧困的規劃》（*A Roadmap to Reducing Child Poverty*）中指出，童年貧困讓社會每年得付出將近一萬億美金的代價。這份報告表示，讓兒童脫離貧困的成本遠低於兒童長大後因貧困帶來的結果所付出的代價。我的同事心理學家以賽亞・皮金斯（Isaiah Pickens）指出，諷刺的是，在我們文化中，我們在貧困本身所造成的不良後果以更嚴重的方式出現在人們身上時，卻要這些人對他們的行為負起更多的責任。請參閱：7half.info/poverty。

★第四堂課：大腦（幾乎）可以預測你所做的每一件事

1.第91頁「幾年前我收到一位男士的來信，他於1970年代在非洲南部羅德西亞（Rhodesian）的軍隊服役」： 我在2018年的TED×Talk演講中也有提到這個故事，演講主題為〈培養智慧：心情的力量〉（Cultivating Wisdom: The Power of Mood），請參見：7half.info/tedx。

2. 第93頁「感覺資訊的模糊片段」：感覺資訊不只模糊而且也不完整。在視網膜、耳蝸與其他感覺器官處理與運送到大腦的過程中，關於世界與身體的資訊會流失。科學家對於有多少資訊流失仍在爭論，但每個人都同意神經元所傳送的世界與身體感覺資訊比可以被感受到的要來得少。請參閱：7half.info/incomplete。

3. 第93頁「大腦將這些片段組成記憶」：大腦運用過去經驗賦予傳入感覺資訊意義的這種想法，有點類似免疫學家暨神經科學家傑拉爾德・艾德爾曼（Gerald Edelman）所提出的看法：你當下的意識體驗就是「記憶中的當下」。請參閱：7half.info/present。

4. 第94頁「線條圖」：這3幅圖畫的是：一艘進到瀑布下的潛水艇、一隻單腳倒立的蜘蛛，以及跳台滑雪選手在出發之前向下遠眺觀眾。

　　這是從《終極特路圖手冊——羅格・普萊斯所有經典荒謬創作的完整收錄》（*The Ultimate Droodles Compendium — The Absurdly Complete Collection of All the Classic Zany Creations of Roger Price*）中所引用的特路圖，此書於2019年由托爾菲洛出版公司（Tallfellow Press, Inc）所出品。圖片經授權使用。三幅特路圖的標題為：進到瀑布下的潛水艇、倒立的蜘蛛

以及跳台滑雪選手眼中的跳台與觀眾。（托爾菲洛出版公司版權所有，公司網址：Tallfellow.com.）

5. 第96頁「**觀看者的部分〔the beholder's share〕**」：對於藝術品感受的想法源自於藝術史學家阿洛伊斯・里格爾（Alois Riegl），他稱此為「觀看者的參與」。最後的術語**觀看者的部分**則是由藝術史學家恩斯特・貢布里希（Ernst Gombrich）所定名。請參閱：7half.info/art。

6. 第98頁「**這是那種每天都有的幻覺**」：關於這個每天都有的幻覺，我指的是一種感知與經驗，在發現這種幻覺的多年以前，哲學家安迪・克拉克（Andy Clark）就強力表達了同一觀點，他稱意識體驗為「受到控制的幻覺」。請參考克拉克的著作《徜徉在不確定性中：預測、行動與具體心智》（*Surfing Uncertainty: Prediction, Action, and the Embodied Mind*）。今日，其他科學家也提出這樣的體驗，特別是神經科學家阿尼爾・塞斯（Anil Seth）在TED×Talk的演講中

所提到的。他的演講主題為〈你的大腦幻想出你意識到的現實〉（Your Brain Hallucinates Your Conscious Reality）。請參閱：7half.info/hallucination。

7.第106頁「在你表現不好的時候，誰該負責呢？」：有關這個主題的某些題材來自我於2018年的TED×Talk演講中，演講主題為〈你不受自己情緒的擺布——你的大腦創造了情緒〉（You Aren't at the Mercy of Your Emotions — Your Brain Creates Them），請參見：7half.info/ted。

★第五堂課：你的大腦會與其他人的大腦秘密運作
1.第114頁「我們進行實驗來證明文字語言的力量會影響大腦」：我的實驗室進行了文字語言力量的研究，參與的受測者在大腦被掃瞄的同時，會聽到關於情境的描述並進行想像，有數篇論文都對這個研究進行了討論，請參閱：7half.info/words。

2.第115頁「許多處理語言的大腦區域同時也控制你的身體內部」：科學家稱為「語言網絡」的大腦區域與稱為「預設模式網絡」的區域有大半重疊，特別是在左大腦半球的部分。預設模式網絡是控制身體內部系統的更大系統中的一部分，這些身體內部系統包括了自主神經系統（控制心血

管系統、呼吸系統與其他器官系統）、免疫系統與內分泌系統（控制荷爾蒙與新陳代謝）。請參閱：7half.info/language-network。

3. 第116頁「這些事物包括了身體虐待、言語霸凌」：是否算是言語霸凌（至少比較溫和的那一種）得取決於情境。並非所有的粗話都算是言語霸凌。舉例來說，女性朋友有時會叫彼此婊子來表現親密甚至是活力。同樣地，在某個情境中是正向的字眼，在另一個情境下就可能變成了言語霸凌。如果你對伴侶說了些浪漫的話，伴侶就對你說：「來這裡說啊」，你的大腦可能會預測你將會得到一個吻。如果你遇到一位霸凌者對你說：「來這裡說啊」，你的大腦或許就會預測這是個威脅。請參閱：7half.info/aggression。

4. 第117頁「長期的慢性壓力對人類大腦有害」：研究顯示，長期慢性壓力會蠶食大腦與身體，無論壓力來自持續的身體虐待、性虐待或言語霸凌。像這樣的科學研究結果既讓人吃驚也不討喜，但對這些證據有更詳細的了解會對我們有所幫助。我在這裡只會分享其中的一小部分，更多細節請參閱：7half.info/chronic-stress。

　　首先，慢性壓力會導致大腦萎縮。它會減少大腦組織，特別是對身體預算（整體調節）、學習與認知靈活度重

要的大腦部位。

究竟是什麼導致受到壓力的大腦萎縮呢？壓力大腦的變化又與患病率增加及壽命縮短有著什麼樣的相關性呢？科學家仍在研究這類生物學上的細節。棘手的是，我們無法對活人大腦的微觀結構進行足夠詳實的觀察，好去了解究竟發生了什麼樣變化。這就是為什麼科學家去研究壓力對其他動物的影響，然後小心地類推到人類可能發生的情況上。例子請參見神經內分泌學家布魯斯・麥克尤恩（Bruce McEwen）的研究。

孩童時期的長期言語霸凌會產生長期的影響。舉例來說，在一項有554位年輕成人參與的研究中，科學家請他們對自己童年時期受到父母與同伴言語霸凌的情況評分。科學家發現，提到自己在童年時期有受到言語霸凌的受測者比較容易在剛成人的時期感受到焦慮、憂鬱與憤怒。令人難以致信的是，這之間的相關性竟然比受到家庭成員身體虐待的相關性還要來得大，甚至與受到外人性暴力的相關性不相上下。這些研究發現，童年長期處在言語霸凌會使人容易在剛成年時罹患情感疾病（mood disorders）。不過還有另一種解讀是，罹患情感疾病的人士會記得比較多的虐待情境，其中也包括言語霸凌。重要的是，這就是為什麼我們需要有其他研究來協助我們判斷哪一個假設比較正確。

在某個這類研究中，科學家測量了成長在惡劣或混

亂家庭中並受到眾多言語批評與衝突所會造成的生物性影響。研究學者針對135位青少女，測量了一個發炎的指標（介白素6〔interleukin 6〕），以及一個代謝障礙的指標（皮質醇阻抗〔cortisol resistance〕）。受測者在18個月的期間接受了4次訪談。提到自己有惡劣家庭環境且受到較多言語霸凌的受測者，隨著時間過去，顯現出較多的免疫功能障礙與代謝功能障礙。而來自一般家庭的受測者在這些指標上都未產生變化，而家庭情況最好的受測者則比較健康。其他研究也得到類似的結果：讓青少年持續處於被霸凌的環境中，就是把他們放在可能導致身心疾病的發展路徑上。

　　越來越多的研究一致顯示，持續性社會壓力（通常都會涉及言語霸凌）與身心疾病的發生率增加是有關聯的。舉例來說，有證據顯示，言語霸凌足以改變免疫系統的反應，導致潛伏的皰疹病毒重新激發，還會降低一般疫苗的效用，以及減緩傷口癒合的速度。這些研究的對象不是體弱者，而是來自各種政治立場的一般人。我還要特別指出的是，根據報告，在受測者是否**正承受強大壓力**的方面上也有同樣的發現。

5. 第117頁「壓力對進食影響」：我提到了兩篇關於壓力以及身體如何代謝食物的研究。這兩篇研究都是由心理學家珍妮絲・基索爾—格拉瑟（Janice K. Kiecolt-Glaser）與她的

同事所進行。一年11磅的數據是假設你在每日的每餐前都感受到壓力：104大卡乘上一年365，再除以每磅為3500大卡的熱量。通常在氣氛漸漸低落的晚餐會中，我喜歡提供這些科學趣聞，好活絡一下氣氛。請參閱：7half.info/eat。

★第六堂課：大腦會產生一種以上的心智

1.第123頁「印尼巴厘島民感到害怕時會睡著」：我向心理學家巴賈・梅斯基塔（Batja Mesquita）與尼科・弗瑞達（Nico Frijda）借用了這個例子。他們引用自1942年出版的民族學書籍《巴厘島人》，這本書提到人類學家格里高里・貝里森（Gregory Bateson）與瑪格麗特・米德（Margaret Mead）觀察到，巴厘島人在面對不熟悉或令人恐懼的事情時常常會睡著。他們的解讀是那些人在逃避可怕的事情，就像是在看恐怖或懸疑電影時會閉上眼睛一樣。根據貝里森與米德所言，面對恐懼時睡著是當地社會都認可的反應。巴厘島人稱其為「takoet poeles」，意思是「在恐懼的睡眠中」。請參閱：7half.info/sleep。

2.第125頁「童貝里泛自閉症的心智」：童貝里說自己患有亞斯伯格症（Asperger's syndrome），不過今日在診斷上的正確說法應該是泛自閉症障礙（autism spectrum disorder）。請參閱：7half.info/thunberg。

3.第125頁「賀德嘉‧馮‧賓根（Hildegard of Bingen）」：
賀德嘉‧馮‧賓根相信自己所看到的異象是上帝的指示，她
稱此異象為「生命之光的陰影」。她花了幾年的時間，將
自己所見的異象以文字與藝術作品記錄下來。這裡要說清
楚的是，我並**沒有**診斷賀德嘉‧馮‧賓根患有思覺失調症
或是其他精神疾病。我只是概括地說一個人的神秘體驗可
能會是另一個人的病症，這得決取於歷史或文化的前後脈
絡。有部分學者回顧歷史，診斷賀德嘉‧馮‧賓根患有多
種疾病，不過要回顧歷史並下這種診斷，得要非常小心。
請參閱：7half.info/bingen。

4.第126頁「這種心智可能是瑞士刀腦會產生的心智」：當
我們談到心智（而非大腦）時，類比為瑞士刀與肉餅的最
著名的爭論就是先天論對上後天論了。知識是天生的還是
後天從經驗中學習的這場哲學爭論風暴，已經襲捲了有數
千年之久。心理學家有時稱此爭論為官能心理學（faculty
psychology）與聯念論（associationism）之爭。請參閱：7half.
info/nativism。

5.第126頁「差異性是天擇運作的先決條件」：達爾文在
《物種源始》（On the Origin of Species）中提出，在一個物種
中的個體差異是天擇在演化過程中運作的先決條件。一個

物種是由個體組成的不同群體所構成，最能適應某特定環
境的群體最有可能生存下來，並將基因傳遞給後代，這批
後代也比較容生存與繁衍。據演化生物學家恩斯特‧梅爾
（Ernst Mayr）所言，達爾文對於差異性的想法，也就是所謂
的**族群思考（population thinking）**，是他最偉大的創新想
法之一。想要對此有初步了解，請參考梅爾的著作《是什
麼讓生物學獨一無二》（*What Makes Biology Unique*），想要
徹底了解的話，請參考梅爾的另一本著作《邁向新式生物
學哲學》（*Toward a New Philosophy of Biology*）。請參閱：7half
.info/ variation。

**6.第127頁「邁爾斯‧布里格斯性格分類法（Myers-Briggs
Type Indicator, or MBTI）」**：邁爾斯‧布里格斯性格分
類法與其他各種人格測驗的科學效度跟星座差不了多少。
歷年來的證據顯示，邁爾斯‧布里格斯性格分類法並未達
到它所宣稱的效用，而且所預測出的工作表現也無法前後
一致。儘管如此，這類人格測驗還是誘使了那些能幹的管
理者做出對員工與對公司都沒有好處的決定。為何你看到
測驗結果時，會覺得那是真的？因為那個測驗問了你對自
己的**想法**。測驗結果總結了你的想法，再將這些想法還給
你，而你就會覺得：哇！真的是這樣。這裡最重要的是：
你無法只問人們對自己行為的想法就測量出行為。你必須

在各種情境去**觀察**他們的行為。（不僅如此，同樣的人在某些情境下是誠實的，但在別的情境下卻會說謊，或在某些情境下很內向，但在其他情境下又變得外向……等等。）請參閱：7half.info/mbti。

7. 第129頁「情感所帶來的感受，從愉快到不愉快、從消極到積極皆有」：情感在130頁的圖上是以環狀模型（circumplex）這種數學結構圖來描述，心理學家詹姆斯・羅素（James A. Russell）是最先提出這個圖示的人。環狀模型以圓的幾何形狀來表現關係。在這裡表示的就是情感感受之間的關係。這裡的**環狀**有「複雜度的環狀排序」之意，用以表示這裡探討的感受至少同時具有兩種基本心理特徵。環狀部分描繪出感覺彼此間的相似程度，而二維的部分則描述出相似性。請參閱：7half.info/circumplex。

8. 第131頁「精準調節身體預算的應用程式或智能手錶」：我在2018年的TED×Talk演講中也提到了這個比喻，那次演講的主題為〈培養智慧：心情的力量〉，請參見：7half.info/tedx。

★第七堂課：大腦可以創造現實

1. 第136頁「社會現實與物理現實之間的界線有許多管道可以互通」：味覺的實驗很容易就可以展現出這種界線中有許多管道互通的情況，我在本堂課中所提到的紅酒及咖啡實驗就是。在討論貧窮惡性循環的第三堂課中，可以發現更為嚴重的例子。社會上對於貧窮人士的態度（社會現實）影響了大腦發展（物理現實），這會增加這些幼兒大腦成長為貧窮成人的機會。請參閱：7half.info/porous。

2. 第137頁「我稱為5C的一整套能力有關」：5C是我對一系列特質所創建的術語。這些特質會共同演化且彼此強化，並賦予人類創造大規模社會現實的能力。其中的4C為創造力、溝通力、模仿力與合作力，這4C是從演化生物學家凱文・拉蘭（Kevin Laland）的研究中取得靈感，我的內容主要來自他的著作《達爾文未完成的交響曲：文化如何建立人類心智》（*Darwin's Unfinished Symphony: How Culture Made the Human Mind*）。拉蘭並沒有討論社會現實在人類演化中所扮演的角色，不過他探討了文化演化的相關概念。請參閱：7half.info/5C。

3. 第138頁「1800年代探險家」：探險家與當地原著民合作而生存下來的例子來自人類學家約瑟夫・亨利希（Joseph

Henrich）的著作《我們成功的秘訣：文化如何驅動人類演化、馴服我們這種物種並讓我們更聰明》（*The Secret of Our Success: How Culture Is Driving Human Evolution, Domesticating Our Species, and Making Us Smarter*）。請參閱：7half.info/explore。

4. 第139頁「你還需要第五個C（壓縮力）」：壓縮力發生在大腦裡的眾多區域中。我們在此所討論的是發生在大腦皮質中的壓縮力，特別是在皮質第二層與第三層中。人類大腦在這些關鍵皮質層中已產生密集連線，以強化壓縮力。

　　然而，一個擁有壓縮力的大型複雜大腦，還不足以讓許多小部分的社會現實凝聚成一整個文明。你還需要有良好的代謝條件（其中也包括農業）提供足夠的能量來建立與維持連線密集的人類大腦。想要有進一步的了解，請參考凱文‧拉蘭的著作《達爾文未完成的交響曲》。亦可參考演化生物學家理查‧蘭姆（Richard Wrangham）的著作《用火：烹煮如何讓我們成為人類》（*Catching Fire: How Cooking Made Us Human*）。請參閱：7half.info/metabolic。

5. 第140頁「從眼、耳與其他感官所傳來的感覺資訊」：感覺資訊是由各種身體感覺器官所搜集，像是眼、耳、鼻等等，並被轉換成為大腦可運用的神經訊號。感覺資訊通常

在到達大腦之前會經過數個據點。以視覺為例,視網膜(貼在眼球後方薄薄的一層)上的細胞被稱為感光細胞,它們會將光能轉換成為神經訊號。這些神經訊號會沿著視神經這個神經纖維束傳送。大部分的視神經纖維到達被稱為外側膝狀核(lateral geniculate nucleus)的神經叢,而外側膝狀核又是視丘這個大腦結構中的一部分,視丘的主要工作是將從身體與周遭世界所獲得的感覺資訊傳達到大腦皮質中。神經訊號從這裡開始進入皮質最後方的神經元中,也就是位於枕葉的初級視覺皮質中。少數軸突離開視神經來到皮質下的其他部位,其中也包括下視丘,這是對調節身體內部系統很重要的大腦皮質下結構。

你的多數感覺系統都是以類似的方式運作,除了賦予你嗅覺的系統之外,將空氣中的化學物質轉變成為神經訊號的嗅覺細胞,位於稱為嗅球的結構中。這些細胞直接將資訊傳送到大腦皮質,不經過視丘。帶有嗅覺資訊的神經訊號傳送到初級嗅覺皮質中,這是大腦中名為腦島區域的其中一部分,腦島本身是顳葉與額葉間之皮質裡的一部分。請參閱:7half.info/sense-data。

6. 第141頁「壓縮讓大腦可以進行抽象╱摘要式思考」:科學家仍在細究大腦如何壓縮資訊以及壓縮力如何產生抽象╱摘要式資訊。對於感覺與運動資訊在高度壓縮抽象╱摘

要化後還剩下多少，是個長期激烈爭論的議題。有些科學家認為抽象／摘要具有**多元模式（multimodal）**，也就是它們涵蓋了所有感覺的資訊，也有科學家認為抽象／摘要只有**單一模式（amodal）**，這表示它們不包含感覺資訊。我的看法是當下的證據比較傾向於多元模式這個假設，舉例來說，壓縮最多的總結資訊是在神經科醫師與神經解剖學家稱為**異模式（heteromodal）**的大腦皮質區域中，這些區域管理來自多種感覺以及運動的資訊。

　　大腦據推測亦可經由其他非壓縮的方式來達到抽象／摘要化，因為其他沒有大型大腦的動物（如狗）或沒有大腦皮質的動物（如蜜蜂），也可依據功能將事物歸類。也就是牠們具有某種程度的抽象／摘要化能力。請參閱：7half.info/abstract。

7. 第143頁「5C 會交織結合，彼此強化」：這個想法及其與人類演化的相關性是時下科學爭論的議題。名為「現代綜合」（modern synthesis）的演化觀點結合源自孟德爾遺傳學的基因科學以及達爾文的天擇說，並假設基因是將資訊代代相傳的唯一一種穩定方法。其中一個例子為演化生物學家理查・道金斯（Richard Dawkins）的自私基因假設（selfish-gene hypothesis），另外還有一個名為「擴展的演化綜合」（extended evolutionary synthesis）的觀點，這個觀點提到了各

種C，也借鑒了一些研究發現，這些研究發現確認出其他能在世代間穩定進行資訊轉移的來源（例如，在大腦發展時期，與大腦連線的視覺環境所傳入的感覺資訊，以及資訊的文化傳遞）。考量到演化與發展神經科學（演化發育生物學〔evo-devo〕）的擴展演化綜合理論，提出了其他轉移的工具，像是表觀遺傳學（epigenetics）以及生態區位的建構，還有文化演化以及基因與文化的共同演化。芭芭拉·芬萊與凱文·拉蘭的觀點都是這些理論的例子，這種科學爭論的幅度已超出了我們課程的範圍，不過你還是可以在7half. info/synthesis找到相關資料。

8. 第144頁「這在棍子上賦予了實物本身沒有的稱王功能」：黑猩猩與許多其他哺乳動物都有統治階級制度，但這類階級制度並不是由社會現實所建立與維持。如果一個群體裡的每隻猩猩都同意其中某雄性成員是領導者，那是因為那個雄性成員會把向牠挑戰的猩猩都殺死。殺死是物理現實。今日多數的人類領導者不需要謀殺對手也能握有權力。請參閱：7half.info/sticks。

9. 第145頁「我們不是為了要逃離現實而創造幻想世界，我們是為留在現實中所以創造幻想世界。」：這句有關幻想世界的文字節錄自作家暨漫畫家琳達·巴利的著作《它是什

麼》（*What It Is*）。請參閱：7half.info/barry。

10.第146頁「膚色之類的實質特徵」：皮膚色素沉著（Skin pigmentation）的演化和再演化，與環境中紫外線的強度有關。膚色淡的適合處在紫外線較弱的環境中。較淡的色素沉著讓皮膚可以吸收更多光線，並產生更多的維生素D，維生素D對於骨骼發展、骨骼強度與健全免疫系統十分重要。相反的，較深的色素沉著就適合處於紫外線較強的環境中，因為深色的色素沉著可以避免皮膚吸收太多光線。這後續減緩了維生素B$_9$（葉酸）被破壞的速度，葉酸對於細胞生長與代謝十分重要，在懷孕初期尤其重要（因為陽光會破壞葉酸）。紫外線的強度取決於距赤道的遠近，不過真正穿透皮膚的紫外線量則取決於皮膚的色素沉著。更進一步的詳細討論請參考人類學家尼娜‧賈布隆斯基（Nina Jablonski）的著作《活生生的顏色：膚色的生物學與社會意義》（*Living Color: The Biological and Social Meaning of Skin Color*）。請參閱：7half.info/skin。

亞馬遜網路書店之作者訪談

問：為何會有大腦？

答：大腦不是為了思考、感覺或看見而演化，它們是為了控制身體而演化的。思考、感覺、看見、聽到等等大腦所做的每件事情，都是為了控制身體。這是大腦最重要的工作。理解到這一點，就會對一些謎團有所啟發，像是：心智與身體如何連結？慢性壓力如何滲透到皮膚之下，讓人生病？像心臟病與巴金森氏症這類的身體疾病，為何與憂鬱症這類心理疾病如此相似？以及為何憂鬱症與焦慮症在全球日益盛行？

問：大腦如何運作？

答：在上個世紀的許多年間，科學家認為大腦是像肌肉那樣運作——先有外界刺激，大腦再產生反應。外界的刺激會以聲、光、氣味及其他感官資訊的形式呈現。但現在科學家已經知道，大腦裡的無數神經元會持續進行對話，猜測接下來可能發生的事情，並將身體預備好去處理情況。大腦產生的是預測，這個預測會啟動你所看到、感覺與所

做的一切，但它發生得太快，以至於你感覺起來就像是在回應情況！

你可以這樣思考：從出生那一刻起到死亡那一刻為止，大腦都被鎖在頭骨這個黑暗無聲的箱子裡。大腦持續接收到外界傳入的片斷資訊，像是光波（經由眼睛傳入）、化學物質（經由鼻子與舌頭傳入）以及氣壓變化（經由耳朵傳入）。大腦必須運用這些片斷資訊，來想辦法讓你的身體得以良好生存下去。外頭「砰！」的一聲是因為浣熊在翻垃圾桶嗎？還是有人失手讓盒子砸到地上？或是家外頭有輛車撞上另一輛車？胸口緊繃的感覺是因為搬重物造成的肌肉酸痛？還是焦慮感？或是心臟可能有問題的徵兆呢？每時每刻，大腦都必須運用過去的經驗，釐清當下大量感覺資訊產生的原因，並決定要怎麼處理。因此，大腦並不是在反應，而是在預測。

問：我聽說人類大腦中有個稱為「蜥蜴腦」的古老區域，它會挾持大腦理性部位（新皮質），並造成人們說出以及做出不明智的事情。這是真的嗎？

答：這不是真的。擁有蜥蜴腦的動物只有蜥蜴。人類大腦中所謂的蜥蜴腦是在1970年代流行的民間傳說，不過它的根源可以回溯到古希臘時代的柏拉圖。1900年代早期與中期的科學家檢視大量動物的大腦，並斷定人類大腦擁有其

他哺乳及爬蟲動物大腦所沒有的部位，並創作出大腦分層的故事。據說，大腦中包含蜥蜴腦的核心部位賦予我們本能需求，其外頭被賦予我們情緒的較新哺乳動物部位所包圍，而這又被賦予我們理性的人性部位所包圍。這個故事就是三重腦理論，此理論認為人類大腦分層演化，就像生日蛋糕那般分層，最外層的糖霜部分掌控理性。

不過從1970年代開始，科學家就可以運用基因標記來比較大腦細胞，而結果顯示，鼠類、貓、狗、馬與其他所有迄今已被研究的哺乳動物大腦細胞（魚類、蜥蜴與鳥類的大腦也有可能）都依循同樣的建構藍圖。基本上，人類與吸血的七鰓鰻有著一樣的大腦藍圖。

國家圖書館出版品預行編目資料

關於大腦的七又二分之一堂課/麗莎・費德曼・巴瑞特（Lisa Feldman Barrett）著；蕭秀姍譯. -- 初版. -- 臺北市：商周出版：英屬蓋曼群島商家庭傳媒股份有限公司城邦分公司發行, 2021.03
　　面；　公分. -- (科學新視野；170)
　　譯自：Seven and a half lessons about the brain
　　ISBN 978-986-5482-05-3 (平裝)

　　1.腦部 2.神經學 3.通俗作品

394.911　　　　　　　　　　　　　　　　　　110002356

科學新視野 170

關於大腦的七又二分之一堂課

作　　　者/麗莎・費德曼・巴瑞特　博士（Lisa Feldman Barrett, Ph.D.）
譯　　　者/蕭秀姍
審　　　定/梁庚辰　博士
企 劃 選 書/黃靖卉
責 任 編 輯/黃靖卉

版　　　權/吳亭儀、江欣瑜
行 銷 業 務/周佑潔、黃崇華、賴玉嵐
總 編 輯/黃靖卉
總 經 理/彭之琬
事業群總經理/黃淑貞
發 行 人/何飛鵬
法 律 顧 問/元禾法律事務所 王子文律師
出　　　版/商周出版
　　　　　　臺北市 104 民生東路二段 141 號 9 樓
　　　　　　電話：(02) 25007008　傳真：(02)25007759
　　　　　　E-mail：bwp.service@cite.com.tw
　　　　　　Blog：http：//bwp25007008.pixnet.net/blog
發　　　行/英屬蓋曼群島商家庭傳媒股份有限公司城邦分公司
　　　　　　臺北市中山區民生東路二段 141 號 2 樓
　　　　　　書虫客服服務專線：(02)25007718；(02)25007719
　　　　　　服務時間：週一至週五上午09:30-12:00；下午13:30-17:00
　　　　　　24小時傳真專線：(02)25001990；(02)25001991
　　　　　　劃撥帳號：19863813；戶名：書虫股份有限公司
　　　　　　讀者服務信箱：service@readingclub.com.tw
　　　　　　城邦讀書花園：www.cite.com.tw
香港發行所/城邦（香港）出版集團有限公司
　　　　　　香港灣仔駱克道 193 號東超商業中心 1 樓
　　　　　　E-mail：hkcite@biznetvigator.com
　　　　　　電話：(852) 25086231 傳真：(852) 25789337
馬新發行所/城邦（馬新）出版集團【Cite (M) Sdn. Bhd.】
　　　　　　41, Jalan Radin Anum, Bandar Baru Sri Petaling,
　　　　　　57000 Kuala Lumpur, Malaysia.
　　　　　　Tel: (603) 90578822　Fax: (603) 90576622
　　　　　　Email: cite@cite.com.my

封 面 設 計/徐璽設計工作室
排　　　版/極翔企業有限公司
印　　　刷/中原造像股份有限公司
經 銷 商/聯合發行股份有限公司
　　　　　　電話：(02) 2917-8022　Fax: (02) 2911-0053
　　　　　　地址：新北市 231 新店區寶橋路 235 巷 6 弄 6 號 2 樓

■ 2021 年 3 月 30 日一版一刷
■ 2022 年 12 月 21 日一版 2.5 刷
定價 320 元

Printed in Taiwan

城邦讀書花園
www.cite.com.tw

商周出版

104　台北市民生東路二段141號2樓

英屬蓋曼群島商家庭傳媒股份有限公司城邦分公司　收

- -

請沿虛線對摺，謝謝！

商周出版

書號：BU0170	書名：關於大腦的七又二分之一堂課	編碼：

讀者回函卡

線上版讀者回函

感謝您購買我們出版的書籍！請費心填寫此回函卡，我們將不定期寄上城邦集團最新的出版訊息。

姓名：＿＿＿＿＿＿＿＿＿＿＿＿＿＿＿＿＿　　性別：□男　□女

生日：西元＿＿＿＿＿＿＿＿年＿＿＿＿＿＿月＿＿＿＿＿日

地址：＿＿＿＿＿＿＿＿＿＿＿＿＿＿＿＿＿＿＿＿＿＿＿＿＿

聯絡電話：＿＿＿＿＿＿＿＿＿＿　傳真：＿＿＿＿＿＿＿＿＿

E-mail：

學歷：□ 1. 小學 □ 2. 國中 □ 3. 高中 □ 4. 大學 □ 5. 研究所以上

職業：□ 1. 學生 □ 2. 軍公教 □ 3. 服務 □ 4. 金融 □ 5. 製造 □ 6. 資訊

　　　□ 7. 傳播 □ 8. 自由業 □ 9. 農漁牧 □ 10. 家管 □ 11. 退休

　　　□ 12. 其他＿＿＿＿＿＿＿＿＿＿＿＿＿＿＿＿＿＿＿＿＿

您從何種方式得知本書消息？

　　　□ 1. 書店 □ 2. 網路 □ 3. 報紙 □ 4. 雜誌 □ 5. 廣播 □ 6. 電視

　　　□ 7. 親友推薦 □ 8. 其他＿＿＿＿＿＿＿＿＿＿＿＿

您通常以何種方式購書？

　　　□ 1. 書店 □ 2. 網路 □ 3. 傳真訂購 □ 4. 郵局劃撥 □ 5. 其他＿＿＿

您喜歡閱讀那些類別的書籍？

　　　□ 1. 財經商業 □ 2. 自然科學 □ 3. 歷史 □ 4. 法律 □ 5. 文學

　　　□ 6. 休閒旅遊 □ 7. 小說 □ 8. 人物傳記 □ 9. 生活、勵志 □ 10. 其他

對我們的建議：＿＿＿＿＿＿＿＿＿＿＿＿＿＿＿＿＿＿＿＿＿＿＿

＿＿＿＿＿＿＿＿＿＿＿＿＿＿＿＿＿＿＿＿＿＿＿＿＿＿＿＿＿＿

＿＿＿＿＿＿＿＿＿＿＿＿＿＿＿＿＿＿＿＿＿＿＿＿＿＿＿＿＿＿